연산 능력 강화

개념 기억력 강화

기초력 완성

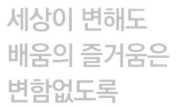

세상이 변해도
배움의 즐거움은
변함없도록

시대는 빠르게 변해도
배움의 즐거움은
변함없어야 하기에

어제의 비상은
남다른 교재부터
결이 다른 콘텐츠
전에 없던 교육 플랫폼까지

변함없는 혁신으로
교육 문화 환경의 새로운 전형을
실현해왔습니다.

비상은 오늘, 다시 한번
새로운 교육 문화 환경을 실현하기 위한
또 하나의 혁신을 시작합니다.

오늘의 내가 어제의 나를 초월하고
오늘의 교육이 어제의 교육을 초월하여
배움의 즐거움을 지속하는 혁신,

바로, 메타인지 기반 완전 학습을.

상상을 실현하는 교육 문화 기업 비상

메타인지 기반 완전 학습
초월을 뜻하는 meta와 생각을 뜻하는 인지가 결합한 메타인지는
자신이 알고 모르는 것을 스스로 구분하고 학습계획을 세우도록 하는
궁극의 학습 능력입니다. 비상의 메타인지 기반 완전 학습 시스템은
잠들어 있는 메타인지를 깨워 공부를 100% 내 것으로 만들도록 합니다.

수와 연산

1학년	2학년	3학년

수와 연산

1학년

1-1 9까지의 수
- 1부터 9까지의 수
- 수로 순서 나타내기
- 수의 순서
- 1만큼 더 큰 수, 1만큼 더 작은 수 / 0
- 수의 크기 비교

1-1 덧셈과 뺄셈
- 9까지의 수 모으기와 가르기
- 덧셈 알아보기, 덧셈하기
- 뺄셈 알아보기, 뺄셈하기
- 0이 있는 덧셈과 뺄셈

1-1 50까지의 수
- 10 / 십몇
- 19까지의 수 모으기와 가르기
- 10개씩 묶어 세기 / 50까지의 수 세기
- 수의 순서
- 수의 크기 비교

1-2 100까지의 수
- 60, 70, 80, 90
- 99까지의 수
- 수의 순서
- 수의 크기 비교
- 짝수와 홀수

1-2 덧셈과 뺄셈
- 계산 결과가 한 자리 수인 세 수의
  덧셈과 뺄셈
- 100이 되는 더하기
- 10에서 빼기
- 두 수의 합이 10인 세 수의 덧셈

- 받아올림이 있는 (몇)+(몇)
- 받아내림이 있는 (십몇)−(몇)

- 받아올림이 없는 (몇십몇)+(몇),
  (몇십)+(몇십몇), (몇십몇)+(몇십몇)
- 받아내림이 없는 (몇십몇)−(몇),
  (몇십)−(몇십), (몇십몇)−(몇십몇)

2학년

2-1 세 자리 수
- 100 / 몇백
- 세 자리 수
- 각 자리의 숫자가 나타내는 값
- 뛰어 세기
- 수의 크기 비교

2-1 덧셈과 뺄셈
- 받아올림이 있는 (두 자리 수)+(한 자리 수),
  (두 자리 수)+(두 자리 수)
- 받아내림이 있는 (두 자리 수)−(한 자리 수),
  (몇십)−(몇십몇), (두 자리 수)−(두 자리 수)
- 세 수의 계산
- 덧셈과 뺄셈의 관계를 식으로 나타내기
- □가 사용된 덧셈식을 만들고
  □의 값 구하기
- □가 사용된 뺄셈식을 만들고
  □의 값 구하기

2-1 곱셈
- 여러 가지 방법으로 세어 보기
- 묶어 세기
- 몇의 몇 배
- 곱셈 알아보기
- 곱셈식

2-2 네 자리 수
- 1000 / 몇천
- 네 자리 수
- 각 자리의 숫자가 나타내는 값
- 뛰어 세기
- 수의 크기 비교

2-2 곱셈구구
- 2단 곱셈구구
- 5단 곱셈구구
- 3단, 6단 곱셈구구
- 4단, 8단 곱셈구구
- 7단 곱셈구구
- 9단 곱셈구구
- 1단 곱셈구구 / 0의 곱
- 곱셈표

3학년

3-1 덧셈과 뺄셈
- (세 자리 수)+(세 자리 수)
- (세 자리 수)−(세 자리 수)

3-1 나눗셈
- 똑같이 나누어 보기
- 곱셈과 나눗셈의 관계
- 나눗셈의 몫을 곱셈식으로 구하기
- 나눗셈의 몫을 곱셈구구로 구하기

3-1 곱셈
- (몇십)×(몇)
- (몇십몇)×(몇)

3-1 분수와 소수
- 똑같이 나누어 보기
- 분수
- 분모가 같은 분수의 크기 비교
- 단위분수의 크기 비교
- 소수
- 소수의 크기 비교

3-2 곱셈
- (세 자리 수)×(한 자리 수)
- (몇십)×(몇십), (몇십몇)×(몇십)
- (몇)×(몇십몇)
- (몇십몇)×(몇십몇)

3-2 나눗셈
- (몇십)÷(몇)
- (몇십몇)÷(몇)
- (세 자리 수)÷(한 자리 수)

3-2 분수
- 분수로 나타내기
- 분수만큼은 얼마인지 알아보기
- 진분수, 가분수, 자연수, 대분수
- 분모가 같은 분수의 크기 비교

색깔별로 각 주제의 학습 내용을 알 수 있어요!

규칙	
도형과 측정의 기초	비 · 무게 · 원 / 원기둥, 원뿔, 구 / 원주와 원의 넓이
시각과 시간	길이 · 가능성 · 평면도형 / 평면도형의 둘레와 넓이
표와 그래프	들이 · 입체도형 / 입체도형의 겉넓이와 부피

4학년

4-1 규칙 찾기
• 수의 배열에서 규칙 찾기
• 도형의 배열에서 규칙 찾기
• 계산식에서 규칙 찾기
• 규칙적인 계산식 찾기

4-1 각도
• 각의 크기 비교, 각의 크기 구하기
• 예각, 둔각
• 각도의 합과 차
• 삼각형의 세 각의 크기의 합
• 사각형의 네 각의 크기의 합

4-1 평면도형의 이동
• 평면도형 밀기, 뒤집기, 돌리기
• 평면도형을 뒤집고 돌리기
• 무늬 꾸미기

4-1 삼각형
• 이등변삼각형과 그 성질
• 정삼각형과 그 성질
• 예각삼각형, 둔각삼각형

4-2 사각형
• 수직
• 평행, 평행선 사이의 거리
• 사다리꼴, 평행사변형, 마름모

4-2 다각형
• 다각형, 정다각형
• 대각선
• 모양 만들기, 모양 채우기

4-1 막대그래프
• 막대그래프
• 막대그래프에서 알 수 있는 것
• 막대그래프 그리기

4-2 꺾은선그래프
• 꺾은선그래프
• 꺾은선그래프에서 알 수 있는 것
• 꺾은선그래프 그리기

5학년

5-1 규칙과 대응
• 두 양 사이의 관계
• 대응 관계를 식으로 나타내는 방법
• 생활 속에서 대응 관계를 찾아 식으로 나타내기

5-1 다각형의 둘레와 넓이
• 정다각형, 사각형의 둘레
• 1 cm^2, 1 m^2, 1 km^2
• 직사각형, 평행사변형의 넓이
• 삼각형의 넓이
• 마름모, 사다리꼴의 넓이

5-2 합동과 대칭
• 도형의 합동과 그 성질
• 선대칭도형과 그 성질
• 점대칭도형과 그 성질

5-2 직육면체
• 직육면체, 정육면체
• 직육면체의 성질
• 직육면체의 겨냥도
• 정육면체와 직육면체의 전개도

5-2 평균과 가능성
• 평균
• 일이 일어날 가능성

6학년

6-1 비와 비율
• 두 수의 비교 / 비
• 비율 / 백분율

6-2 비례식과 비례배분
• 비의 성질
• 간단한 자연수의 비로 나타내기
• 비례식
• 비례배분

6-1 각기둥과 각뿔
• 각기둥, 각기둥의 전개도
• 각뿔

6-1 직육면체의 부피와 겉넓이
• 부피의 단위 m^3
• 직육면체의 부피와 겉넓이

6-2 공간과 입체
• 어느 방향에서 본 모양인지 알아보기
• 쌓기나무로 쌓은 모양과 위에서 본 모양을 보고 쌓기나무의 개수 알아보기
• 위, 앞, 옆에서 본 모양을 보고 쌓기나무의 개수 알아보기
• 위에서 본 모양에 수를 써서 쌓기나무의 개수 알아보기
• 층별로 나타낸 모양을 보고 쌓기나무의 개수 알아보기

6-2 원의 넓이
• 원주와 지름의 관계
• 원주율
• 원주와 지름 구하기
• 원의 넓이

6-2 원기둥, 원뿔, 구
• 원기둥, 원기둥의 전개도
• 원뿔
• 구

6-1 여러 가지 그래프
• 띠그래프
• 원그래프
• 그래프 해석하기
• 여러 가지 그래프 비교하기

➕ 교과서에 따라 3~4학년군, 5~6학년 내에서 학기별로 수록된 단원 또는 학습 내용의 순서가 다를 수 있습니다.

변화와 관계, 도형과 측정, 자료와 가능성

	1학년	2학년	3학년

변화와 관계

1학년
1-2 규칙 찾기
- 규칙 찾기
- 규칙 만들기
- 규칙을 만들어 무늬 꾸미기
- 수 배열, 수 배열표에서 규칙 찾기
- 규칙을 여러 가지 방법으로 나타내기

2학년
2-2 규칙 찾기
- 무늬에서 색깔과 모양의 규칙 찾기
- 무늬에서 방향과 수의 규칙 찾기
- 쌓은 모양에서 규칙 찾기
- 덧셈표, 곱셈표에서 규칙 찾기
- 생활에서 규칙 찾기

도형과 측정

1학년
1-1 여러 가지 모양
- ▨, ▤, ◯ 모양 찾기
- ▨, ▤, ◯ 모양 알아보기
- ▨, ▤, ◯ 모양으로 만들기

1-1 비교하기
- 길이의 비교
- 무게의 비교
- 넓이의 비교
- 들이의 비교

1-2 모양과 시각
- ▢, △, ◯ 모양 찾기
- ▢, △, ◯ 모양 알아보기
- ▢, △, ◯ 모양으로 꾸미기
- 몇 시
- 몇 시 30분

2학년
2-1 여러 가지 도형
- △, ▢, ◯을 알아보기
- 칠교판으로 모양 만들기
- 쌓은 모양 알아보기
- 여러 가지 모양으로 쌓기

2-1 길이 재기
- 길이를 비교하는 방법
- 여러 가지 단위로 길이 재기
- 1cm
- 자로 길이 재기
- 길이 어림하기

2-2 길이 재기
- 1m
- 자로 길이 재기
- 길이의 합과 차

2-2 시각과 시간
- 몇 시 몇 분
- 여러 가지 방법으로 시각 읽기
- 1시간
- 걸린 시간
- 하루의 시간
- 달력

3학년
3-1 평면도형
- 선분, 반직선, 직선
- 각, 직각
- 직각삼각형
- 직사각형 / 정사각형

3-1 길이와 시간
- 1mm, 1km
- 1초
- 시간의 덧셈과 뺄셈

3-2 원
- 원의 중심, 반지름, 지름
- 원의 성질
- 컴퍼스를 이용하여 원 그리기

3-2 들이와 무게
- 들이의 비교
- 들이의 단위 L, mL
- 들이의 덧셈과 뺄셈
- 무게의 비교
- 무게의 단위 g, kg, t
- 무게의 덧셈과 뺄셈

자료와 가능성

2학년
2-1 분류하기
- 분류하기 / 기준에 따라 분류하기
- 분류하여 세어 보기
- 분류한 결과 말하기

2-2 표와 그래프
- 자료를 분류하여 표로 나타내기
- 자료를 분류하여 그래프로 나타내기
- 표와 그래프를 보고 알 수 있는 내용

3학년
3-2 자료의 정리
- 표
- 자료를 수집하여 표로 나타내기
- 그림그래프
- 그림그래프로 나타내기

색깔별로 각 주제의 학습 내용을 알 수 있어요!

자연수	자연수의 혼합 계산	분수의 곱셈과 나눗셈
자연수의 덧셈과 뺄셈	분수의 덧셈과 뺄셈	소수의 곱셈과 나눗셈
자연수의 곱셈과 나눗셈	소수의 덧셈과 뺄셈	

4학년

4-1 큰 수
- 10000 / 다섯 자리 수
- 십만, 백만, 천만
- 억, 조
- 뛰어서 세기
- 수의 크기 비교

4-1 곱셈과 나눗셈
- (세 자리 수)×(몇십)
- (세 자리 수)×(두 자리 수)
- (세 자리 수)÷(몇십)
- (두 자리 수)÷(두 자리 수),
  (세 자리 수)÷(두 자리 수)

4-2 분수의 덧셈과 뺄셈
- 두 진분수의 덧셈
- 두 진분수의 뺄셈, 1−(진분수)
- 대분수의 덧셈
- (자연수)−(분수)
- (대분수)−(대분수), (대분수)−(가분수)

4-2 소수의 덧셈과 뺄셈
- 소수 두 자리 수 / 소수 세 자리 수
- 소수의 크기 비교
- 소수 사이의 관계
- 소수 한 자리 수의 덧셈과 뺄셈
- 소수 두 자리 수의 덧셈과 뺄셈

5학년

5-1 자연수의 혼합 계산
- 덧셈과 뺄셈이 섞여 있는 식
- 곱셈과 나눗셈이 섞여 있는 식
- 덧셈, 뺄셈, 곱셈이 섞여 있는 식
- 덧셈, 뺄셈, 나눗셈이 섞여 있는 식
- 덧셈, 뺄셈, 곱셈, 나눗셈이 섞여 있는 식

5-1 약수와 배수
- 약수와 배수
- 약수와 배수의 관계
- 공약수와 최대공약수
- 공배수와 최소공배수

5-1 약분과 통분
- 크기가 같은 분수
- 약분
- 통분
- 분수의 크기 비교
- 분수와 소수의 크기 비교

5-1 분수의 덧셈과 뺄셈
- 진분수의 덧셈
- 대분수의 덧셈
- 진분수의 뺄셈
- 대분수의 뺄셈

5-2 수와 범위와 어림하기
- 이상, 이하, 초과, 미만
- 올림, 버림, 반올림

5-2 분수의 곱셈
- (분수)×(자연수)
- (자연수)×(분수)
- (진분수)×(진분수)
- (대분수)×(대분수)

5-2 소수의 곱셈
- (소수)×(자연수)
- (자연수)×(소수)
- (소수)×(소수)
- 곱의 소수점의 위치

6학년

6-1 분수의 나눗셈
- (자연수)÷(자연수)의 몫을 분수로 나타내기
- (분수)÷(자연수)
- (대분수)÷(자연수)

6-1 소수의 나눗셈
- (소수)÷(자연수)
- (자연수)÷(자연수)의 몫을 소수로 나타내기
- 몫의 소수점 위치 확인하기

6-2 분수의 나눗셈
- (분수)÷(분수)
- (분수)÷(분수)를 (분수)×(분수)로 나타내기
- (자연수)÷(분수), (가분수)÷(분수),
  (대분수)÷(분수)

6-2 소수의 나눗셈
- (소수)÷(소수)
- (자연수)÷(소수)
- 소수의 나눗셈의 몫을 반올림하여 나타내기

➕ 교과서에 따라 3~4학년군, 5~6학년 내에서 학기별로 수록된 단원 또는 학습 내용의 순서가 다를 수 있습니다.

개념+연산

메인 북

초등수학
1·2

구성과 특징

개념 + 드릴

기억에 오래 남는 **한 컷 개념**과 **계산력 강화를 위한 드릴 문제 4쪽**으로 수와 연산을 익혀요.

연산
──────
계산력
강화 단원

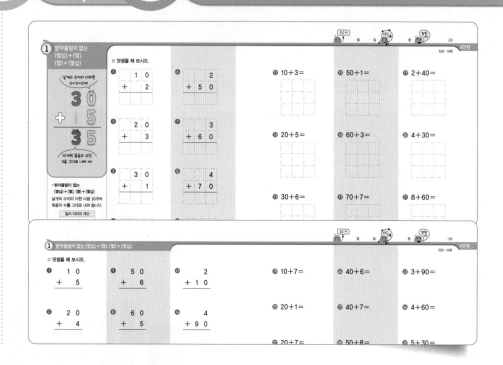

개념 + 익힘

기억에 오래 남는 **한 컷 개념**과 **기초 개념 강화를 위한 익힘 문제 2쪽**으로 도형, 측정 등을 익혀요.

도형, 측정 등
──────
기초 개념
강화 단원

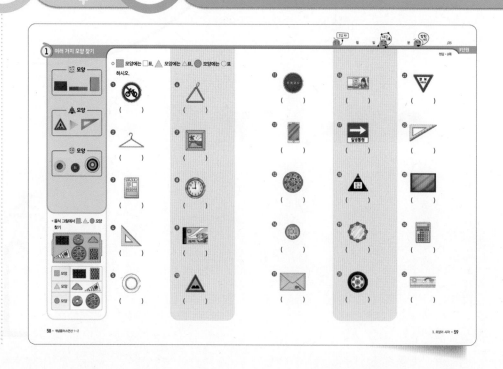

매일 2쪽으로 **연산력**을 강화해요!

적용
다양한 유형의 연산 문제에 **적용 능력**을 키워요.

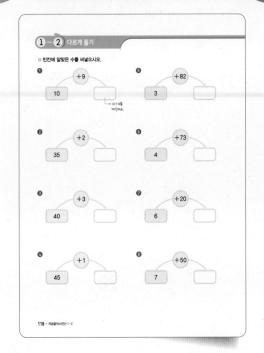

특강
비법 강의로 빠르고 정확한 **연산력**을 강화해요.

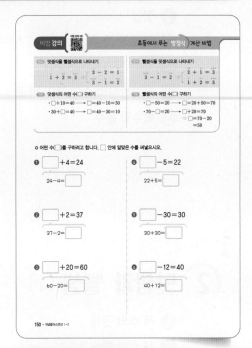

초등에서 푸는 방정식 □를 사용한 식에서 □의 값을 구하는 방법을 익혀요.

평가로 마무리~!

평가
단원별로 **연산력**을 평가해요.

클리닉 북

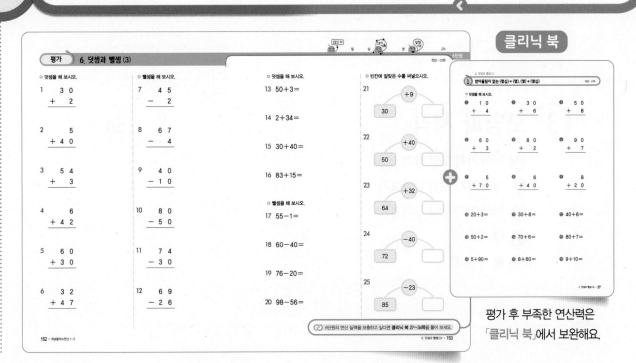

평가 후 부족한 연산력은 「클리닉 북」에서 보완해요.

차례

1-2에서

배울 내용을 확인해요!

100까지의 수

학습 내용	학습 회차	걸린 시간
1 몇십	1일 차	/5분
	2일 차	/5분
2 99까지의 수	3일 차	/6분
	4일 차	/7분
3 100까지의 수의 순서	5일 차	/6분
	6일 차	/6분
4 100까지의 수의 크기 비교	7일 차	/12분
	8일 차	/18분
5 짝수와 홀수	9일 차	/6분
평가 1. 100까지의 수	10일 차	/16분

기초력 상승!

헛 둘!
헛 둘!

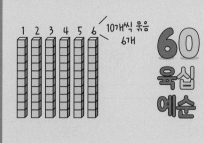

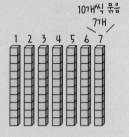

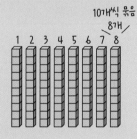

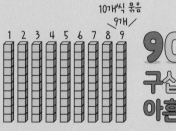

● 60, 70, 80, 90 쓰고 읽기

10개씩 묶음	쓰기	읽기
6	60	육십 예순
7	70	칠십 일흔
8	80	팔십 여든
9	90	구십 아흔

○ 모형을 보고 ☐ 안에 알맞은 수를 써넣으시오.

❶

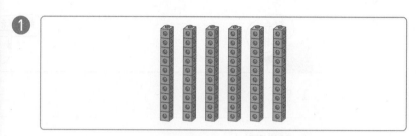

10개씩 묶음 6개를 ☐ 이라고 합니다.

❷

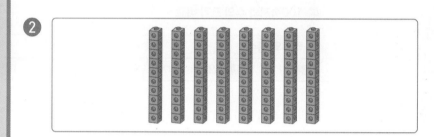

10개씩 묶음 8개를 ☐ 이라고 합니다.

❸

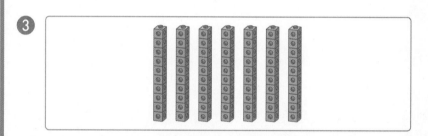

10개씩 묶음 7개를 ☐ 이라고 합니다.

❹

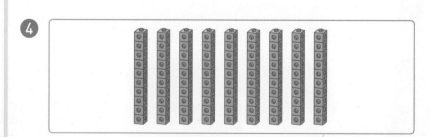

10개씩 묶음 9개를 ☐ 이라고 합니다.

정답 • 2쪽

◦ 수를 바르게 읽은 것에 ◯표 하시오.

5

60

육십   여든

6

70

구십   일흔

7

80

칠십   여든

8

90

구십   예순

9

80

팔십   일흔

10

70

칠십   예순

11

90

육십   아흔

12

60

팔십   예순

○ ☐ 안에 알맞은 수를 써넣으시오.

1

10개씩 묶음 8개

↓

☐

2

10개씩 묶음 7개

↓

☐

3

10개씩 묶음 6개

↓

☐

4

10개씩 묶음 9개

↓

☐

5

60

↓

10개씩 묶음 ☐ 개

6

80

↓

10개씩 묶음 ☐ 개

7

90

↓

10개씩 묶음 ☐ 개

8

70

↓

10개씩 묶음 ☐ 개

정답 • 2쪽

○ 수를 세어 쓰고, 그 수를 바르게 읽은 것에 ◯표 하시오.

9
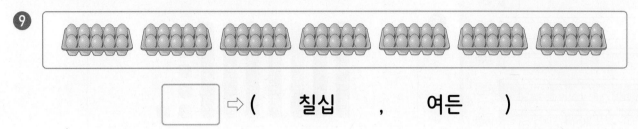

⬜ ⇨ (칠십   ,   여든   )

10
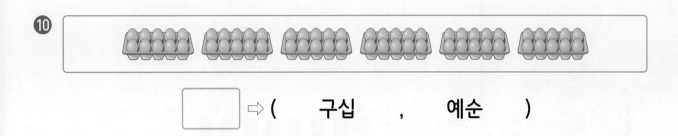

⬜ ⇨ (구십   ,   예순   )

11
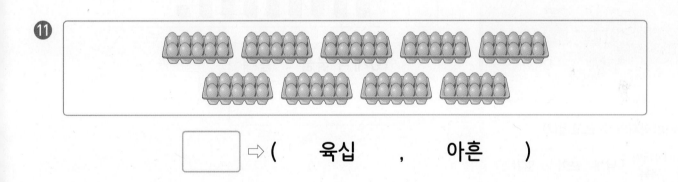

⬜ ⇨ (육십   ,   아흔   )

12
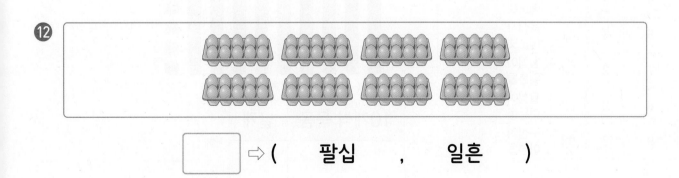

⬜ ⇨ (팔십   ,   일흔   )

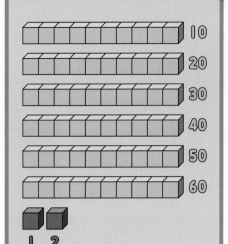

난 10개씩 묶음의 수!

62

나는 낱개의 수!

육십이
예순둘

● **99까지의 수 쓰고 읽기**

10개씩 묶음	낱개	쓰기	읽기
6	2	62	육십이 예순둘
6	3	63	육십삼 예순셋
6	4	64	육십사 예순넷
7	2	72	칠십이 일흔둘
8	2	82	팔십이 여든둘
9	2	92	구십이 아흔둘

○ 모형을 보고 빈칸에 알맞은 수를 써넣으시오.

1

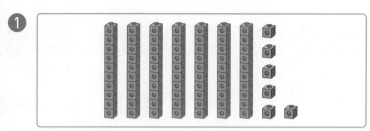

10개씩 묶음	낱개

➡ ⬚

2

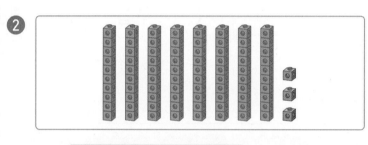

10개씩 묶음	낱개

➡ ⬚

3

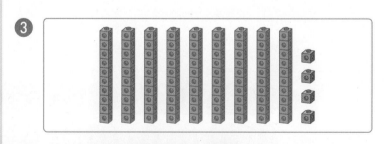

10개씩 묶음	낱개

➡ ⬚

○ 수를 바르게 읽은 것에 ◯표 하시오.

4

69	
육십오	예순아홉

5

73	
칠십이	일흔셋

6

81	
팔십일	여든둘

7

67	
육십칠	쉰일곱

8

98	
팔십팔	아흔여덟

9

78	
칠십팔	일흔팔

10

95	
구십오	구십다섯

11

86	
팔십여섯	여든여섯

12

77	
칠십일곱	일흔일곱

13

84	
여든사	여든넷

○ ☐ 안에 알맞은 수를 써넣으시오.

1

10개씩 묶음	낱개
6	5

➡ ☐

2

10개씩 묶음	낱개
8	9

➡ ☐

3

10개씩 묶음	낱개
7	4

➡ ☐

4

10개씩 묶음	낱개
9	1

➡ ☐

5

10개씩 묶음	낱개
8	7

➡ ☐

6

10개씩 묶음	낱개
6	6

➡ ☐

7

10개씩 묶음	낱개
9	3

➡ ☐

8

10개씩 묶음	낱개
6	9

➡ ☐

9

10개씩 묶음	낱개
8	6

➡ ☐

10

10개씩 묶음	낱개
9	5

➡ ☐

정답 · 2쪽

○ 수를 세어 쓰고, 그 수를 바르게 읽은 것에 ◯표 하시오.

⑪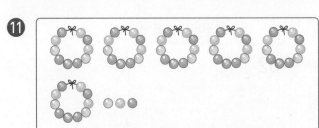

⇨ (육십삼 , 예순둘)

⑫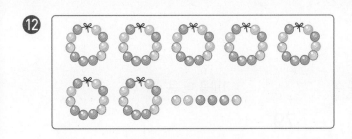

⇨ (칠십팔 , 일흔여섯)

⑬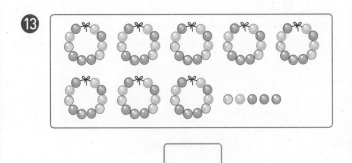

⇨ (팔십오 , 여든아홉)

⑭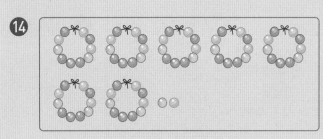

⇨ (칠십이 , 일흔이)

⑮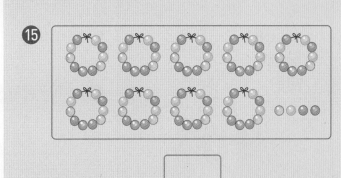

⇨ (구십사 , 아흔사)

⑯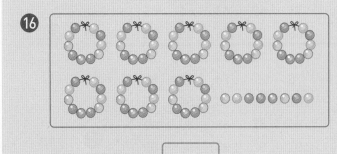

⇨ (팔십여덟 , 여든여덟)

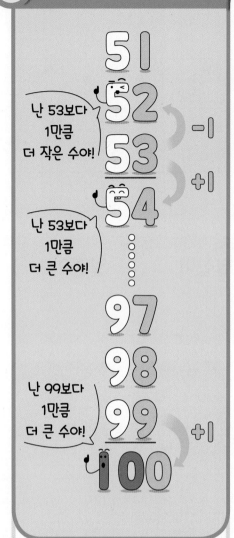

- **51부터 100까지의 수의 순서**

51	52	53	54	55
56	57	58	59	60
61	62	63	64	65
66	67	68	69	70
71	72	73	74	75
76	77	78	79	80
81	82	83	84	85
86	87	88	89	90
91	92	93	94	95
96	97	98	99	100

- 53보다 1만큼 더 작은 수: 52
- 53보다 1만큼 더 큰 수: 54
- 100(백): 99보다 1만큼 더 큰 수

○ 빈칸에 알맞은 수를 써넣으시오.

①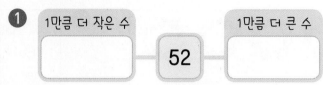

②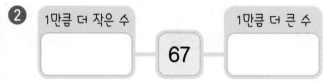

③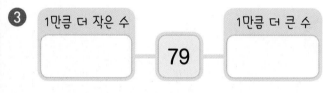

④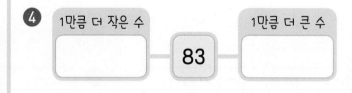

⑤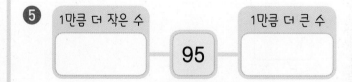

○ 수의 순서에 맞게 빈칸에 알맞은 수를 써넣으시오.

6 [ ] 54 55 [ ]

7 71 [ ] [ ] 74

8 [ ] 86 [ ] 88

9 67 [ ] 69 [ ]

10 [ ] 95 96 [ ]

11 59 [ ] [ ] 62

12 65 [ ] 67 [ ]

13 [ ] 97 [ ] 99

14 [ ] 75 76 [ ]

15 63 [ ] [ ] 66

16 97 [ ] 99 [ ]

17 [ ] 89 [ ] 91

○ 빈칸에 알맞은 수를 써넣으시오.

1
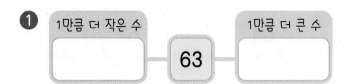
1만큼 더 작은 수 | 63 | 1만큼 더 큰 수

2
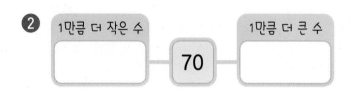
1만큼 더 작은 수 | 70 | 1만큼 더 큰 수

3
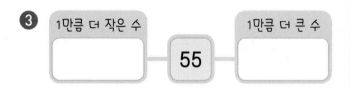
1만큼 더 작은 수 | 55 | 1만큼 더 큰 수

4
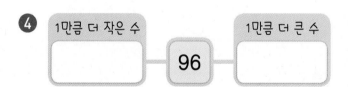
1만큼 더 작은 수 | 96 | 1만큼 더 큰 수

5
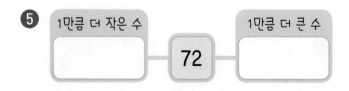
1만큼 더 작은 수 | 72 | 1만큼 더 큰 수

6
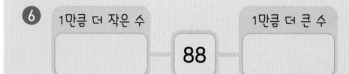
1만큼 더 작은 수 | 88 | 1만큼 더 큰 수

7

1만큼 더 작은 수 | 69 | 1만큼 더 큰 수

8

1만큼 더 작은 수 | 91 | 1만큼 더 큰 수

9

1만큼 더 작은 수 | 74 | 1만큼 더 큰 수

10

1만큼 더 작은 수 | 87 | 1만큼 더 큰 수

○ 수의 순서에 맞게 빈칸에 알맞은 수를 써넣으시오.

⑪

| 52 | 53 | | 55 | |

⑫

| 64 | | 66 | | 68 |

⑬

| 83 | 84 | | | 87 |

⑭

| 76 | | | 79 | |

⑮

| | 89 | | | 92 |

⑯

| 96 | | 98 | | |

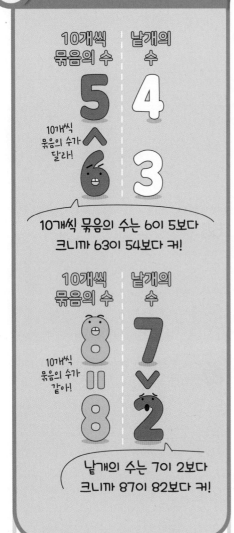

10개씩 묶음의 수는 6이 5보다 크니까 63이 54보다 커!

10개씩 묶음의 수가 같아!

낱개의 수는 7이 2보다 크니까 87이 82보다 커!

- **100까지의 수의 크기 비교**
- 10개씩 묶음의 수가 다르면 10개씩 묶음의 수가 큰 쪽이 더 큽니다.

  예 54는 63보다 작습니다.

  ⇨ 54 < 63
       5 < 6

- 10개씩 묶음의 수가 같으면 낱개의 수가 큰 쪽이 더 큽니다.

  예 87은 82보다 큽니다.

  ⇨ 87 > 82
       7 > 2

○ 두 수의 크기를 비교하여 ◯ 안에 >, <를 알맞게 써넣고, 알맞은 말에 ◯표 하시오.

❶

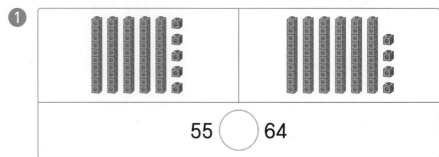

55 ◯ 64

⇨ 55는 64보다 (큽니다 , 작습니다).
  64는 55보다 (큽니다 , 작습니다).

❷

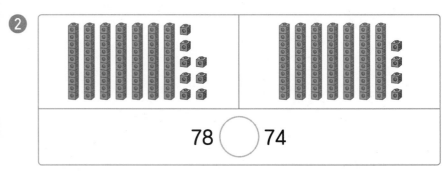

78 ◯ 74

⇨ 78은 74보다 (큽니다 , 작습니다).
  74는 78보다 (큽니다 , 작습니다).

❸

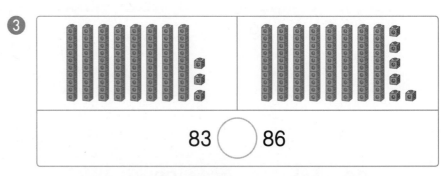

83 ◯ 86

⇨ 83은 86보다 (큽니다 , 작습니다).
  86은 83보다 (큽니다 , 작습니다).

○ 두 수의 크기를 비교하여 ◯ 안에 >, <를 알맞게 써넣으시오.

❹ 64 ◯ 57   ⓫ 76 ◯ 85   ⓲ 52 ◯ 53

❺ 86 ◯ 78   ⓬ 63 ◯ 51   ⓳ 60 ◯ 62

❻ 73 ◯ 91   ⓭ 65 ◯ 79   ⓴ 75 ◯ 78

❼ 65 ◯ 84   ⓮ 98 ◯ 95   ㉑ 57 ◯ 51

❽ 96 ◯ 59   ⓯ 83 ◯ 87   ㉒ 91 ◯ 90

❾ 76 ◯ 87   ⓰ 56 ◯ 54   ㉓ 82 ◯ 89

❿ 68 ◯ 72   ⓱ 94 ◯ 99   ㉔ 65 ◯ 67

○ 두 수의 크기를 비교하여 ◯ 안에 >, <를 알맞게 써넣으시오.

❶ 54 ◯ 63

❷ 78 ◯ 90

❸ 87 ◯ 69

❹ 74 ◯ 56

❺ 94 ◯ 82

❻ 68 ◯ 74

❼ 56 ◯ 81

❽ 67 ◯ 75

❾ 59 ◯ 86

❿ 67 ◯ 52

⓫ 63 ◯ 68

⓬ 79 ◯ 76

⓭ 92 ◯ 94

⓮ 87 ◯ 89

⓯ 98 ◯ 90

⓰ 51 ◯ 53

⓱ 71 ◯ 70

⓲ 84 ◯ 85

⓳ 67 ◯ 62

⓴ 73 ◯ 78

㉑ 96 ◯ 95

정답 • 3쪽

○ 가장 큰 수에 ◯표, 가장 작은 수에 △표 하시오.

㉒
54   63   72

㉙
82   93   86

㉓
86   94   79

㉚
97   54   58

㉔
75   84   56

㉛
74   65   78

㉕
92   67   83

㉜
56   52   57

㉖
59   80   65

㉝
65   69   68

㉗
65   62   73

㉞
92   94   95

㉘
83   94   96

㉟
75   79   73

짝수는 낱개의 수가
2, 4, 6, 8, 0인 수야!

짝수

2   4   6

8   10   12

14   16   ⋯⋯⋯

1   3   5

7   9   11

13   15   ⋯⋯⋯

홀수

홀수는 낱개의 수가
1, 3, 5, 7, 9인 수야!

• **짝수와 홀수**

• 짝수: 둘씩 짝을 지을 때
남는 것이 없는 수

2 [○○]

4 [○○][○○]

6 [○○][○○][○○]

8 [○○][○○][○○][○○]

10 [○○][○○][○○][○○][○○]

• 홀수: 둘씩 짝을 지을 때
남는 것이 있는 수

1 [○]

3 [○○][○]

5 [○○][○○][○]

7 [○○][○○][○○][○]

9 [○○][○○][○○][○○][○]

○ 둘씩 짝을 지어 보고 짝수인지 홀수인지 ◯표 하시오.

❶ 4   (짝수 , 홀수)

❷ 5   (짝수 , 홀수)

❸ 7   (짝수 , 홀수)

❹ 8   (짝수 , 홀수)

❺ 12   (짝수 , 홀수)

○ 짝수이면 ○표, 홀수이면 △표 하시오.

6
9

(   )

7
13

(   )

8
26

(   )

9
32

(   )

10
41

(   )

11
57

(   )

12
25

(   )

13
30

(   )

14
47

(   )

15
48

(   )

16
52

(   )

17
66

(   )

18
10

(   )

19
29

(   )

20
35

(   )

21
76

(   )

22
83

(   )

23
98

(   )

○ 수를 세어 ☐ 안에 알맞은 수를 써넣으시오.

1 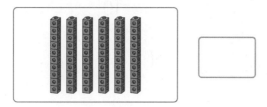 ☐

2 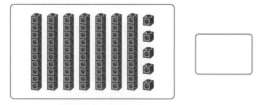 ☐

3 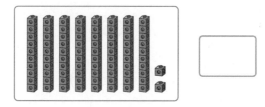 ☐

○ 수를 바르게 읽은 것에 ◯표 하시오.

4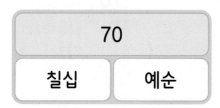

70

칠십 | 예순

5

68

육십팔 | 예순일곱

6

83

칠십삼 | 여든셋

○ 빈칸에 알맞은 수를 써넣으시오.

7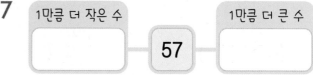

1만큼 더 작은 수 ☐ — 57 — 1만큼 더 큰 수 ☐

8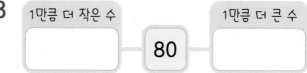

1만큼 더 작은 수 ☐ — 80 — 1만큼 더 큰 수 ☐

9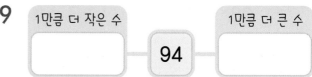

1만큼 더 작은 수 ☐ — 94 — 1만큼 더 큰 수 ☐

○ 수의 순서에 맞게 빈칸에 알맞은 수를 써넣으시오.

10

57 ☐ 59 ☐

11

☐ 74 ☐ 76

12

☐ 98 99 ☐

정답 • 4쪽

○ 두 수의 크기를 비교하여 ◯ 안에 > , <를 알맞게 써넣으시오.

13 67 ◯ 58

14 76 ◯ 83

15 92 ◯ 85

16 59 ◯ 76

17 64 ◯ 69

18 85 ◯ 82

19 93 ◯ 97

○ 가장 큰 수에 ◯표, 가장 작은 수에 △표 하시오.

20
| 74 | 59 | 68 |

21
| 85 | 92 | 94 |

22
| 86 | 87 | 83 |

○ 짝수이면 ◯표, 홀수이면 △표 하시오.

23
14   (   )

24
27   (   )

25
36   (   )

1단원의 연산 실력을 보충하고 싶다면 **클리닉 북 1~5쪽**을 풀어 보세요.

덧셈과 뺄셈 (1)

학습 내용	학습 회차	걸린 시간
1 세 수의 덧셈	1일 차	/9분
	2일 차	/13분
2 세 수의 뺄셈	3일 차	/9분
	4일 차	/13분
1 ~ 2 다르게 풀기	5일 차	/9분
3 10이 되는 더하기	6일 차	/8분
	7일 차	/9분
4 10에서 빼기	8일 차	/9분
	9일 차	/11분
5 10을 만들어 세 수 더하기	10일 차	/9분
	11일 차	/13분
3 ~ 5 다르게 풀기	12일 차	/9분
평가 2. 덧셈과 뺄셈 (1)	13일 차	/14분

계산력 상승!

헛 둘!
헛 둘!

1 세 수의 덧셈

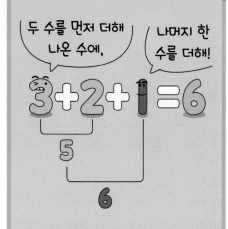

두 수를 먼저 더해 나온 수에,

나머지 한 수를 더해!

이번에는 우리 먼저!

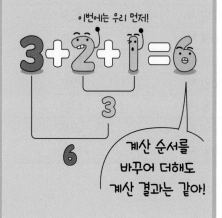

계산 순서를 바꾸어 더해도 계산 결과는 같아!

● 세 수의 덧셈

세 수의 덧셈은 두 수를 먼저 더하고 나머지 한 수를 더합니다.

$$3+2+1=6$$
① 5
② 6

○ 계산해 보시오.

❶ 1+1+3=
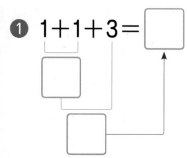

❷ 1+2+2=
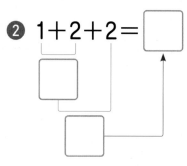

❸ 2+1+3=
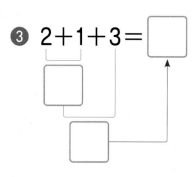

❹ 2+2+3=
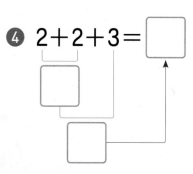

❺ 3+1+4=
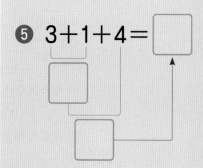

❻ 3+2+2=
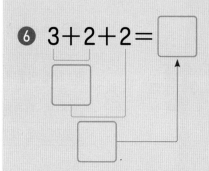

❼ 4+2+1=
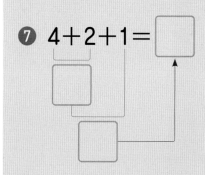

❽ 5+1+3=
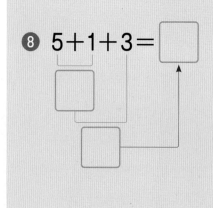

❾ 1+1+1=

❿ 1+1+4=

⑪ 1+2+3=

⑫ 1+4+3=

⑬ 1+5+2=

⑭ 2+1+4=

⑮ 2+2+1=

⑯ 2+4+2=

⑰ 2+5+1=

⑱ 3+3+1=

⑲ 3+3+3=

⑳ 3+4+1=

㉑ 3+5+1=

㉒ 4+1+2=

㉓ 4+2+2=

㉔ 4+3+2=

㉕ 5+1+1=

㉖ 5+2+1=

㉗ 5+2+2=

㉘ 6+1+1=

㉙ 6+2+1=

1 세 수의 덧셈

○ 계산해 보시오.

① $1+1+5=$
② $1+2+4=$
③ $1+3+2=$
④ $1+3+3=$
⑤ $1+3+4=$
⑥ $1+4+2=$
⑦ $1+4+4=$

⑧ $1+5+1=$
⑨ $1+5+3=$
⑩ $1+6+2=$
⑪ $1+7+1=$
⑫ $2+1+1=$
⑬ $2+1+5=$
⑭ $2+2+4=$

⑮ $2+2+5=$
⑯ $2+3+1=$
⑰ $2+3+3=$
⑱ $2+4+1=$
⑲ $2+4+3=$
⑳ $2+5+2=$
㉑ $2+6+1=$

㉒ 3+1+3=

㉓ 3+1+4=

㉔ 3+1+5=

㉕ 3+2+1=

㉖ 3+2+2=

㉗ 3+2+3=

㉘ 3+2+4=

㉙ 3+3+2=

㉚ 3+4+2=

㉛ 4+1+1=

㉜ 4+1+3=

㉝ 4+1+4=

㉞ 4+2+1=

㉟ 4+2+3=

㊱ 4+3+1=

㊲ 4+4+1=

㊳ 5+1+2=

㊴ 5+1+3=

㊵ 5+3+1=

㊶ 6+1+2=

㊷ 7+1+1=

앞의 두 수를 먼저 빼고
남은 수에서 나머지
한 수를 빼!

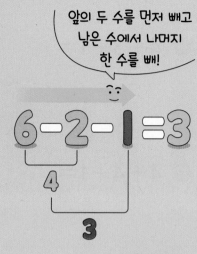

뒤에서부터
계산하면 틀려!

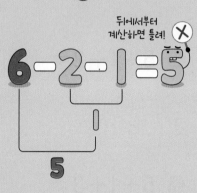

● 세 수의 뺄셈
세 수의 뺄셈은 앞의 두 수를 먼저
빼고 나머지 한 수를 뺍니다.

$$6-2-1=3$$
① 4
② 3

○ 계산해 보시오.

❶ 3－1－1＝□

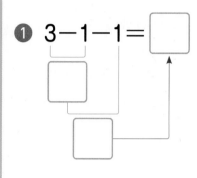

❷ 4－1－2＝□

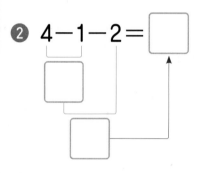

❸ 5－1－3＝□

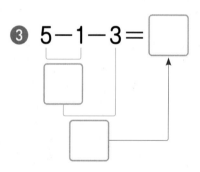

❹ 6－1－4＝□

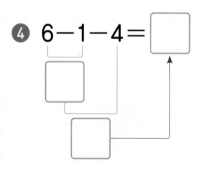

❺ 7－2－1＝□

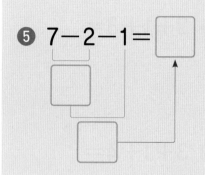

❻ 7－3－2＝□

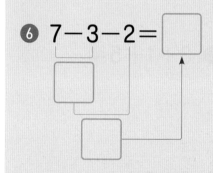

❼ 8－2－3＝□

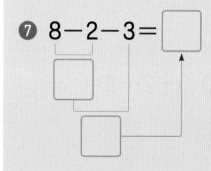

❽ 9－3－4＝□

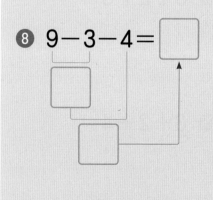

❾ 4−2−1=

❿ 5−2−2=

⓫ 5−3−1=

⓬ 6−1−2=

⓭ 6−1−3=

⓮ 6−2−3=

⓯ 6−4−1=

⓰ 7−1−2=

⓱ 7−1−5=

⓲ 7−4−2=

⓳ 8−1−1=

⓴ 8−2−5=

㉑ 8−3−1=

㉒ 8−4−1=

㉓ 8−5−2=

㉔ 8−6−1=

㉕ 9−1−1=

㉖ 9−2−6=

㉗ 9−4−1=

㉘ 9−5−2=

㉙ 9−6−1=

○ 계산해 보시오.

① 3−1−2=

② 4−1−1=

③ 5−1−2=

④ 5−1−4=

⑤ 5−2−1=

⑥ 5−3−2=

⑦ 5−4−1=

⑧ 6−1−1=

⑨ 6−2−1=

⑩ 6−2−2=

⑪ 6−3−1=

⑫ 6−3−2=

⑬ 6−4−2=

⑭ 6−5−1=

⑮ 7−1−1=

⑯ 7−1−3=

⑰ 7−1−4=

⑱ 7−2−2=

⑲ 7−2−3=

⑳ 7−2−4=

㉑ 7−3−1=

㉒ $7-3-3=$

㉓ $7-5-1=$

㉔ $8-1-2=$

㉕ $8-2-1=$

㉖ $8-2-2=$

㉗ $8-2-4=$

㉘ $8-3-2=$

㉙ $8-3-3=$

㉚ $8-4-2=$

㉛ $8-5-1=$

㉜ $9-2-1=$

㉝ $9-3-2=$

㉞ $9-3-3=$

㉟ $9-4-2=$

㊱ $9-4-3=$

㊲ $9-5-1=$

㊳ $9-5-3=$

㊴ $9-5-4=$

㊵ $9-6-2=$

㊶ $9-6-3=$

㊷ $9-7-1=$

○ 빈칸에 알맞은 수를 써넣으시오.

❶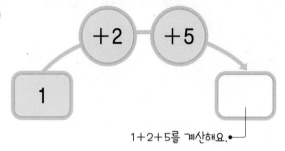

1+2+5를 계산해요.

❷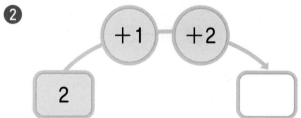

❸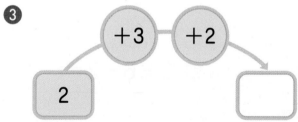

❹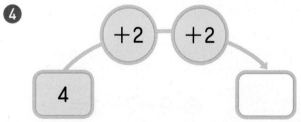

❺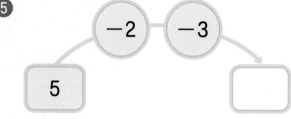

❻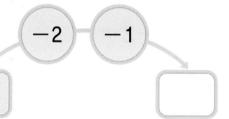

❼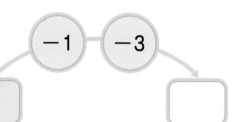

❽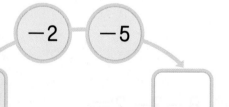

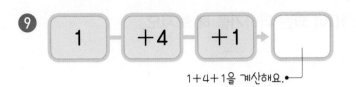

❾ 1 → +4 → +1 → ☐

1+4+1을 계산해요.

❿ 1 → +3 → +5 → ☐

⓫ 2 → +2 → +2 → ☐

⓬ 3 → +1 → +2 → ☐

⓭ 6 → −1 → −5 → ☐

⓮ 7 → −4 → −1 → ☐

⓯ 8 → −3 → −4 → ☐

⓰ 9 → −3 → −1 → ☐

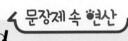 문장제 속 연산

⓱ 딸기 9개 중에서 동생이 2개를 먹고, 내가 3개를 먹었습니다. 남아 있는 딸기는 몇 개인지 구해 보시오.

☐ − ☐ − ☐ = ☐ (개)

처음   동생이 먹은   내가 먹은   남아 있는
딸기의 수   딸기의 수   딸기의 수   딸기의 수

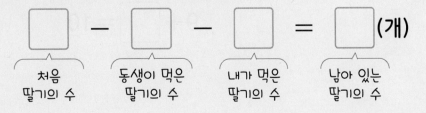

4에 몇을 더하면 10입니다

$4 + \boxed{?} = 10$

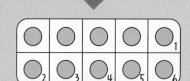

$4 + \boxed{6} = 10$

● 10이 되는 더하기

$1 + 9 = 10$
$2 + 8 = 10$
$3 + 7 = 10$
$4 + 6 = 10$
$5 + 5 = 10$
$6 + 4 = 10$
$7 + 3 = 10$
$8 + 2 = 10$
$9 + 1 = 10$

두 수를 바꾸어 더해도 합은 10으로 같습니다.

○ 그림을 보고 10이 되는 더하기를 해 보시오.

❶
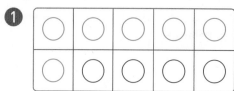

$6 + \boxed{} = 10$

❷
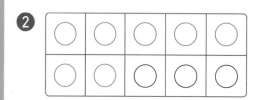

$7 + \boxed{} = 10$

❸
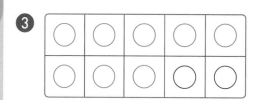

$8 + \boxed{} = 10$

❹

$9 + \boxed{} = 10$

○ ☐ 안에 알맞은 수를 써넣으시오.

❺ $5 + \boxed{} = 10$

⓫ $4 + \boxed{} = 10$

⓱ $2 + \boxed{} = 10$

❻ $\boxed{} + 9 = 10$

⓬ $\boxed{} + 2 = 10$

⓲ $\boxed{} + 4 = 10$

❼ $6 + \boxed{} = 10$

⓭ $3 + \boxed{} = 10$

⓳ $8 + \boxed{} = 10$

❽ $\boxed{} + 3 = 10$

⓮ $\boxed{} + 7 = 10$

⓴ $\boxed{} + 1 = 10$

❾ $1 + \boxed{} = 10$

⓯ $9 + \boxed{} = 10$

㉑ $7 + \boxed{} = 10$

❿ $\boxed{} + 6 = 10$

⓰ $\boxed{} + 5 = 10$

㉒ $\boxed{} + 8 = 10$

○ 그림을 보고 10이 되는 더하기를 해 보시오.

1
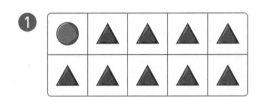

$\boxed{} + \boxed{} = 10$

2
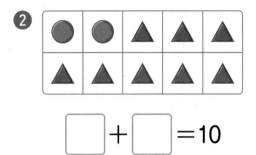

$\boxed{} + \boxed{} = 10$

3
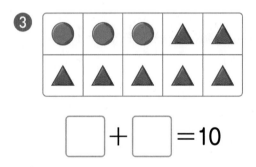

$\boxed{} + \boxed{} = 10$

4
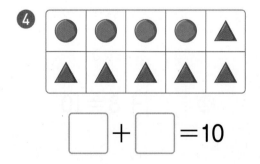

$\boxed{} + \boxed{} = 10$

5
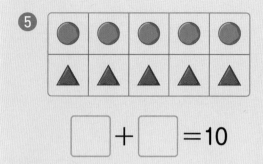

$\boxed{} + \boxed{} = 10$

6
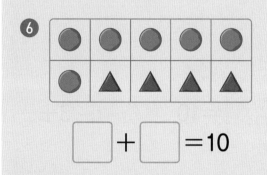

$\boxed{} + \boxed{} = 10$

7
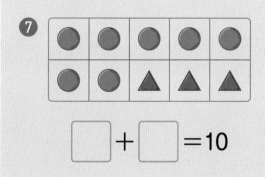

$\boxed{} + \boxed{} = 10$

8
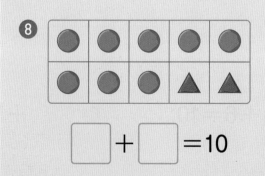

$\boxed{} + \boxed{} = 10$

정답 · 6쪽

○ ☐ 안에 알맞은 수를 써넣으시오.

❾ $4+\boxed{}=10$

❿ $\boxed{}+9=10$

⓫ $2+\boxed{}=10$

⓬ $\boxed{}+5=10$

⓭ $1+\boxed{}=10$

⓮ $\boxed{}+3=10$

⓯ $9+\boxed{}=10$

⓰ $\boxed{}+7=10$

⓱ $8+\boxed{}=10$

⓲ $\boxed{}+8=10$

⓳ $5+\boxed{}=10$

⓴ $\boxed{}+6=10$

㉑ $3+\boxed{}=10$

㉒ $\boxed{}+2=10$

㉓ $6+\boxed{}=10$

㉔ $\boxed{}+1=10$

㉕ $7+\boxed{}=10$

㉖ $\boxed{}+4=10$

$$10 - 4 = \boxed{?}$$

$$10 - 4 = \boxed{6}$$

● 10에서 빼기

$10 - 1 = 9$

$10 - 2 = 8$

$10 - 3 = 7$

$10 - 4 = 6$

$10 - 5 = 5$

$10 - 6 = 4$

$10 - 7 = 3$

$10 - 8 = 2$

$10 - 9 = 1$

○ 그림을 보고 10에서 빼기를 해 보시오.

❶

$$10 - 2 = \boxed{}$$

❷

$$10 - 3 = \boxed{}$$

❸

$$10 - 4 = \boxed{}$$

❹

$$10 - 5 = \boxed{}$$

○ ☐ 안에 알맞은 수를 써넣으시오.

❺ 10−1=☐　　❶ 10−6=☐　　❶ 10−2=☐

❻ 10−6=☐　　❷ 10−7=☐　　❸ 10−5=☐

❼ 10−3=☐　　❸ 10−8=☐　　❾ 10−7=☐

❽ 10−2=☐　　❹ 10−1=☐　　❷ 10−9=☐

❾ 10−5=☐　　❺ 10−4=☐　　㉑ 10−3=☐

❿ 10−4=☐　　❻ 10−9=☐　　㉒ 10−8=☐

◦ 그림을 보고 10에서 빼기를 해 보시오.

1

$$10 - \boxed{} = \boxed{}$$

2

$$10 - \boxed{} = \boxed{}$$

3

$$10 - \boxed{} = \boxed{}$$

4

$$10 - \boxed{} = \boxed{}$$

5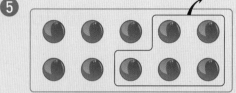

$$10 - \boxed{} = \boxed{}$$

6

$$10 - \boxed{} = \boxed{}$$

7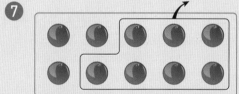

$$10 - \boxed{} = \boxed{}$$

8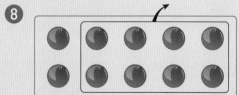

$$10 - \boxed{} = \boxed{}$$

정답 • 7쪽

○ ☐ 안에 알맞은 수를 써넣으시오.

9 $10-2=$ ☐

15 $10-5=$ ☐

21 $10-3=$ ☐

10 $10-4=$ ☐

16 $10-2=$ ☐

22 $10-7=$ ☐

11 $10-3=$ ☐

17 $10-4=$ ☐

23 $10-9=$ ☐

12 $10-8=$ ☐

18 $10-9=$ ☐

24 $10-6=$ ☐

13 $10-1=$ ☐

19 $10-7=$ ☐

25 $10-8=$ ☐

14 $10-6=$ ☐

20 $10-1=$ ☐

26 $10-5=$ ☐

5 10을 만들어 세 수 더하기

합이 10이 되는 두 수를 먼저 더해!

앞의 두 수의 합이 10!

$$3+7+4=14$$

두의 두 수의 합이 10!

$$2+7+3=12$$

●**10을 만들어 세 수 더하기**

합이 10이 되는 두 수를 먼저 더해서 10을 만든 다음 10과 나머지 한 수를 더합니다.

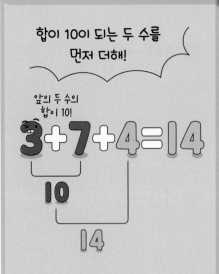

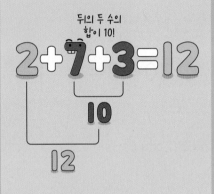

○ 계산해 보시오.

❶ $1+9+3=$ ☐

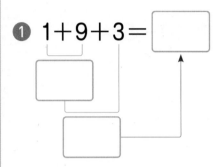

❷ $2+8+4=$ ☐

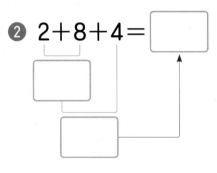

❸ $3+7+5=$ ☐

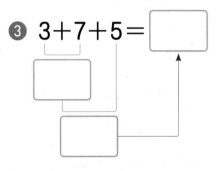

❹ $7+5+5=$ ☐

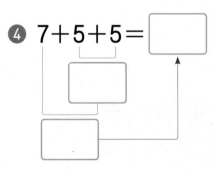

❺ $6+7+3=$ ☐

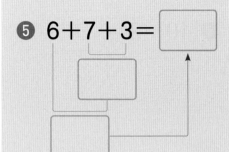

❻ $5+8+2=$ ☐

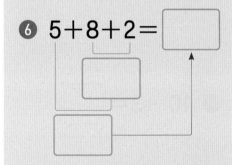

❼ $4+7+6=$ ☐

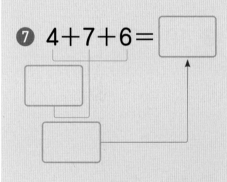

❽ $5+6+5=$ ☐

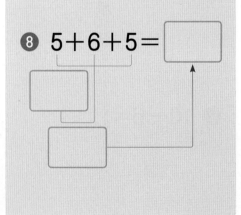

정답 · 7쪽

⑨ 1+9+4=

⑩ 2+8+3=

⑪ 3+7+2=

⑫ 4+6+7=

⑬ 5+5+6=

⑭ 6+4+9=

⑮ 7+3+8=

⑯ 5+1+9=

⑰ 6+2+8=

⑱ 8+3+7=

⑲ 7+4+6=

⑳ 3+5+5=

㉑ 2+6+4=

㉒ 4+7+3=

㉓ 1+5+9=

㉔ 2+4+8=

㉕ 3+6+7=

㉖ 4+5+6=

㉗ 5+8+5=

㉘ 6+2+4=

㉙ 7+5+3=

○ 계산해 보시오.

❶ 1+9+2=

❷ 2+8+7=

❸ 3+7+6=

❹ 4+6+3=

❺ 5+5+8=

❻ 8+2+6=

❼ 9+1+5=

❽ 2+1+9=

❾ 5+2+8=

❿ 4+3+7=

⓫ 8+4+6=

⓬ 6+5+5=

⓭ 3+8+2=

⓮ 7+9+1=

⓯ 1+3+9=

⓰ 2+6+8=

⓱ 3+4+7=

⓲ 4+3+6=

⓳ 5+2+5=

⓴ 8+4+2=

㉑ 9+5+1=

㉒ $1+9+7=$

㉓ $2+8+5=$

㉔ $3+7+9=$

㉕ $6+4+3=$

㉖ $7+3+6=$

㉗ $8+2+4=$

㉘ $9+1+8=$

㉙ $9+3+7=$

㉚ $5+4+6=$

㉛ $8+5+5=$

㉜ $3+6+4=$

㉝ $5+7+3=$

㉞ $4+8+2=$

㉟ $6+9+1=$

㊱ $2+5+8=$

㊲ $3+8+7=$

㊳ $4+8+6=$

㊴ $6+3+4=$

㊵ $7+6+3=$

㊶ $8+9+2=$

㊷ $9+3+1=$

○ 빈칸에 알맞은 수를 써넣으시오.

① 2 → + ☐ → 10

• 2와 더해서
10이 되는 수를 구해요.

⑤ 10 → −2 → ☐

10−2를 계산해요. •

② 4 → + ☐ → 10

⑥ 10 → −4 → ☐

③ 5 → + ☐ → 10

⑦ 10 → −5 → ☐

④ 7 → + ☐ → 10

⑧ 10 → −7 → ☐

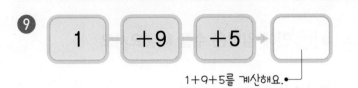
❾ | 1 | ―→ | +9 | ―→ | +5 | ―→ | |

1+9+5를 계산해요.

❿ | 2 | ―→ | +8 | ―→ | +6 | ―→ | |

⓫ | 3 | ―→ | +2 | ―→ | +7 | ―→ | |

⓬ | 4 | ―→ | +2 | ―→ | +8 | ―→ | |

⓭ | 4 | ―→ | +6 | ―→ | +8 | ―→ | |

⓮ | 5 | ―→ | +7 | ―→ | +5 | ―→ | |

⓯ | 5 | ―→ | +9 | ―→ | +1 | ―→ | |

⓰ | 9 | ―→ | +6 | ―→ | +4 | ―→ | |

문장제 속 연산

⓱ 피자가 10조각 있습니다. 그중에서 3조각을 먹었습니다.
남은 피자는 몇 조각인지 구해 보시오.

[　　] ― [　　] = [　　] (조각)

전체 피자의 수   먹은 피자의 수   남은 피자의 수

○ 계산해 보시오.

1 1+2+1=

2 2+3+4=

3 3+1+3=

4 6−2−2=

5 7−1−2=

6 8−4−3=

○ ☐ 안에 알맞은 수를 써넣으시오.

7 1+☐=10

8 ☐+8=10

9 3+☐=10

10 ☐+4=10

11 10−2=☐

12 10−6=☐

13 10−7=☐

계산해 보시오.

14 1+9+6=

15 4+6+5=

16 7+3+2=

17 9+2+8=

18 7+8+2=

19 8+9+1=

20 3+4+7=

빈칸에 알맞은 수를 써넣으시오.

21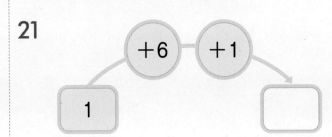

22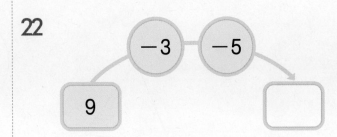

23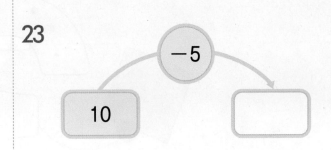

24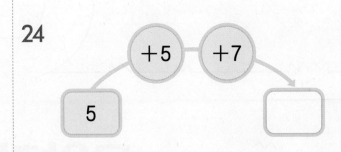

25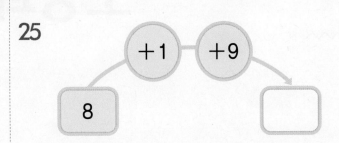

2단원의 연산 실력을 보충하고 싶다면 **클리닉 북 7~11쪽**을 풀어 보세요.

2. 덧셈과 뺄셈 (1) • **55**

모양과 시각

학습 내용	학습 회차	걸린 시간
1 여러 가지 모양 찾기	1일 차	/7분
2 여러 가지 모양 알아보기	2일 차	/7분
3 여러 가지 모양 꾸미기	3일 차	/7분
4 몇 시	4일 차	/8분
5 몇 시 30분	5일 차	/8분
평가 3. 모양과 시각	6일 차	/12분

기초력 상승!

헛 둘!
헛 둘!

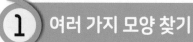 모양

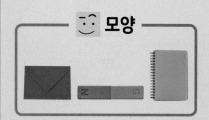 모양

 모양

• 음식 그림에서 ■, ▲, ● 모양 찾기

■ 모양	
▲ 모양	
● 모양	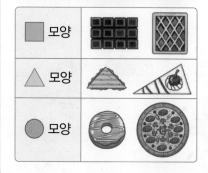

○ ■ 모양에는 □표, ▲ 모양에는 △표, ● 모양에는 ○표 하시오.

1
(   )

2
(   )

3
(   )

4
(   )

5
(   )

6
(   )

7
(   )

8
(   )

9
(   )

10
(   )

⑪

주차금지

(   )

⑫

(   )

⑬

(   )

⑭

100

(   )

⑮

(   )

⑯

1000

(   )

⑰

일방통행

(   )

⑱

삼각
김밥

(   )

⑲

(   )

⑳

(   )

㉑

양 보
YIELD

(   )

㉒

(   )

㉓

(   )

㉔

0

(   )

㉕

(   )

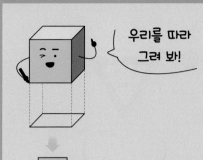

우리를 따라 그려 봐!

□ 모양

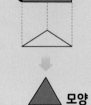

▲ 모양

● 모양

● 여러 가지 모양 알아보기

모양	특징
■	• 뾰족한 곳이 4군데입니다. • 편평한 선이 4군데입니다.
▲	• 뾰족한 곳이 3군데입니다. • 편평한 선이 3군데입니다.
●	뾰족한 곳이 없고, 둥근 부분이 있습니다.

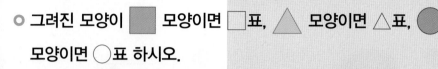

○ 그려진 모양이 ■ 모양이면 □표, ▲ 모양이면 △표, ● 모양이면 ○표 하시오.

1

(   )

2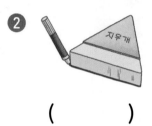

(   )

3

(   )

4

(   )

5

(   )

6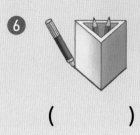

(   )

7

(   )

8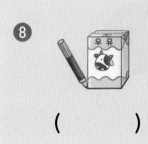

(   )

9

(   )

10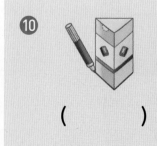

(   )

2일 차

월 일

오늘의 기록

분

맞힌 개수

/25

3단원

정답 • 9쪽

⑪

( )

⑯

( )

㉑

( )

⑫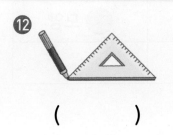

( )

⑰

( )

㉒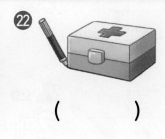

( )

⑬

( )

⑱

( )

㉓

( )

⑭

( )

⑲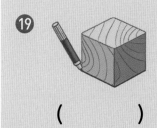

( )

㉔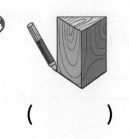

( )

⑮

( )

⑳

( )

㉕

( )

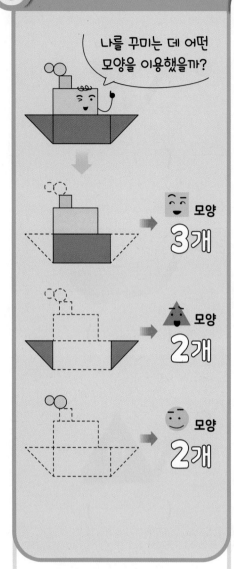

나를 꾸미는 데 어떤 모양을 이용했을까?

모양 **3**개

모양 **2**개

모양 **2**개

● 꾸민 모양에서 같은 모양의 수 알아보기

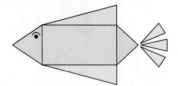

물고기에서 머리는 △ 모양으로, 몸통은 ■와 △ 모양으로, 꼬리는 △ 모양으로 꾸민 것입니다.

■ 모양	△ 모양	● 모양
1개	7개	0개

○ ■, △, ● 모양이 몇 개 있는지 세어 보시오.

1

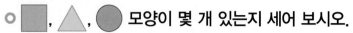

■ 모양	△ 모양	● 모양

2

■ 모양	△ 모양	● 모양

3

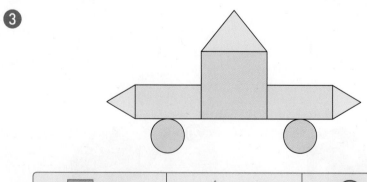

■ 모양	△ 모양	● 모양

❹

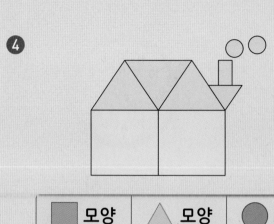

⬛ 모양	🔺 모양	⚫ 모양

❼

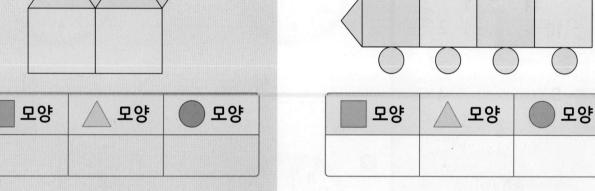

⬛ 모양	🔺 모양	⚫ 모양

❺

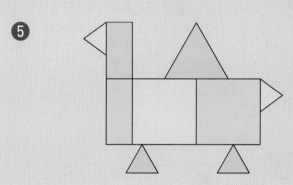

⬛ 모양	🔺 모양	⚫ 모양

❽

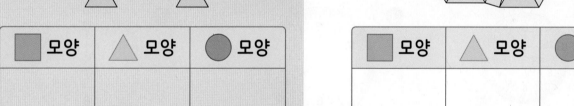

⬛ 모양	🔺 모양	⚫ 모양

❻

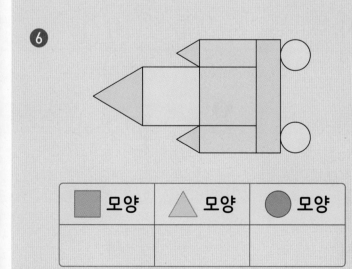

⬛ 모양	🔺 모양	⚫ 모양

❾

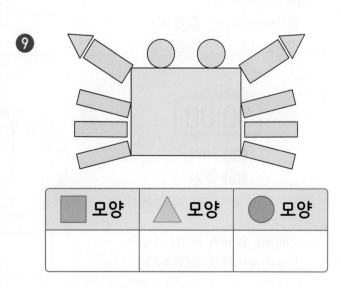

⬛ 모양	🔺 모양	⚫ 모양

긴바늘이 12를 가리키면
'몇 시' 라고 말해.

9시

• 몇 시

가리키는 숫자

짧은바늘: 9
긴바늘: 12 ⇨ 쓰기 9시
읽기 아홉 시

쓰기 10시
읽기 열 시

참고 • 9시, 10시 등을 '시각'이라고
합니다.
• 긴바늘이 한 바퀴 움직일 때 짧은
바늘은 숫자 1칸을 움직입니다.

○ 시각을 써 보시오.

1

☐ 시

2

☐ 시

3
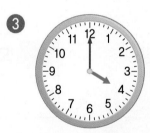

☐ 시

4

☐ 시

5

☐ 시

6
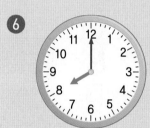

☐ 시

7

☐ 시

8

☐ 시

정답 · 10쪽

○ 시계에 시각을 나타내어 보시오.

9

13

10

14

11

9시

15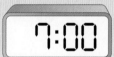

12

10시

16

긴바늘이 6을 가리키면
'몇 시 30분' 이라고 말해.

2시 30분

• 몇 시 30분

가리키는 곳
┌ 짧은바늘: 2와 3 사이
└ 긴바늘: 6

⇒ [쓰기] 2시 30분
　 [읽기] 두 시 삼십 분

3:30

[쓰기] 3시 30분
[읽기] 세 시 삼십 분

[참고] 2시 30분, 3시 30분 등을
'시각'이라고 합니다.

○ 시각을 써 보시오.

①
☐ 시 ☐ 분

⑤
☐ 시 ☐ 분

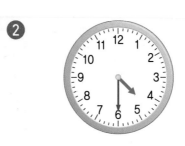

②
☐ 시 ☐ 분

⑥
☐ 시 ☐ 분

③
☐ 시 ☐ 분

⑦
☐ 시 ☐ 분

④
☐ 시 ☐ 분

⑧
☐ 시 ☐ 분

○ 시계에 시각을 나타내어 보시오.

❾

1시 30분

❿

4시 30분

⓫

6시 30분

⓬

10시 30분

⓭

2:30

⓮

5:30

⓯

8:30

⓰

12:30

○ ■ 모양에는 □표, ▲ 모양에는 △표, ● 모양에는 ◯표 하시오.

1 　　(　　)

2 　　(　　)

3 　　(　　)

○ 그려진 모양이 ■ 모양이면 □표, ▲ 모양이면 △표, ● 모양이면 ◯표 하시오.

4 　　(　　)

5 　　(　　)

6 　　(　　)

○ ■, ▲, ● 모양이 몇 개 있는지 세어 보시오.

7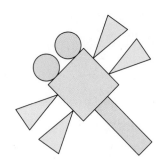

■ 모양	▲ 모양	● 모양

8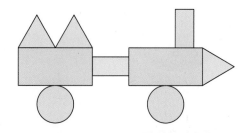

■ 모양	▲ 모양	● 모양

9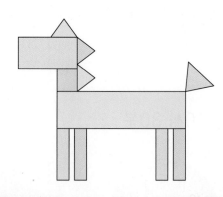

■ 모양	▲ 모양	● 모양

정답 · 11쪽

○ 시각을 써 보시오.

10

 시

11

 시

12

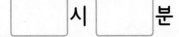 시 □ 분

13

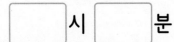 시 □ 분

○ 시계에 시각을 나타내어 보시오.

14

3시

15

8시

16

3시 30분

17

7시 30분

3단원의 연산 실력을 보충하고 싶다면 **클리닉 북 13~17쪽**을 풀어 보세요.

덧셈과 뺄셈 (2)

학습 내용	학습 회차	걸린 시간
1 받아올림이 있는 (몇) + (몇) (1)	1일 차	/10분
	2일 차	/12분
2 받아올림이 있는 (몇) + (몇) (2)	3일 차	/10분
	4일 차	/12분
1 ~ 2 다르게 풀기	5일 차	/9분
3 받아내림이 있는 (십몇) − (몇) (1)	6일 차	/10분
	7일 차	/12분
4 받아내림이 있는 (십몇) − (몇) (2)	8일 차	/10분
	9일 차	/12분
3 ~ 4 다르게 풀기	10일 차	/9분
비법 강의 초등에서 푸는 방정식 계산 비법	11일 차	/6분
평가 4. 덧셈과 뺄셈 (2)	12일 차	/14분

계산력 상승!

헛 둘! 헛 둘!

1 받아올림이 있는 (몇) + (몇) (1)

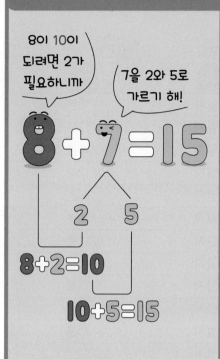

8이 10이 되려면 2가 필요하니까

7을 2와 5로 가르기 해!

$$8 + 7 = 15$$

2   5

$$8 + 2 = 10$$

$$10 + 5 = 15$$

● 받아올림이 있는 (몇)+(몇) (1)
앞의 수가 10이 되도록 뒤의 수를
가르기 하여 계산합니다.

$$8 + 7 = 15$$
2 5

○ 계산해 보시오.

❶ 9 + 3 = ☐

☐   2

❷ 9 + 4 = ☐

☐   3

❸ 9 + 8 = ☐

☐   7

❹ 8 + 4 = ☐

☐   2

❺ 8 + 5 = ☐

☐   3

❻ 7 + 4 = ☐

☐   1

❼ 7 + 5 = ☐

☐   2

❽ 7 + 6 = ☐

☐   3

❾ 6 + 5 = ☐

☐   1

❿ 6 + 6 = ☐

☐   2

⑪ 9+2=

⑫ 9+5=

⑬ 9+6=

⑭ 9+7=

⑮ 9+9=

⑯ 8+3=

⑰ 8+6=

⑱ 8+7=

⑲ 8+8=

⑳ 8+9=

㉑ 7+7=

㉒ 7+8=

㉓ 7+9=

㉔ 6+7=

㉕ 6+8=

㉖ 6+9=

㉗ 5+7=

㉘ 5+8=

㉙ 4+7=

㉚ 4+9=

㉛ 3+8=

○ 계산해 보시오.

❶ 9+2=☐

❷ 9+5=☐

❸ 9+6=☐

❹ 9+7=☐

❺ 9+9=☐

❻ 8+3=☐

❼ 8+6=☐

❽ 8+7=☐

❾ 8+8=☐

❿ 8+9=☐

⓫ 7+7=☐

⓬ 7+8=☐

⓭ 7+9=☐

⓮ 6+7=☐

⓯ 6+8=☐

⑯ 9+3=

⑰ 9+4=

⑱ 9+8=

⑲ 8+4=

⑳ 8+5=

㉑ 7+4=

㉒ 7+5=

㉓ 7+6=

㉔ 6+5=

㉕ 6+6=

㉖ 6+9=

㉗ 5+6=

㉘ 5+7=

㉙ 5+8=

㉚ 5+9=

㉛ 4+7=

㉜ 4+8=

㉝ 4+9=

㉞ 3+8=

㉟ 3+9=

㊱ 2+9=

② 받아올림이 있는 (몇) + (몇) (2)

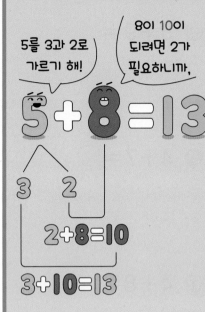

● 받아올림이 있는 (몇)+(몇) (2)
뒤의 수가 10이 되도록 앞의 수를
가르기 하여 계산합니다.

$$5+8=13$$
$$\quad\underset{3\ \ \ 2}{\wedge}$$

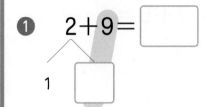

○ 계산해 보시오.

❶ 2＋9＝ ☐

1 ☐

❷ 5＋9＝ ☐

4 ☐

❸ 7＋9＝ ☐

6 ☐

❹ 3＋8＝ ☐

1 ☐

❺ 6＋8＝ ☐

4 ☐

❻ 5＋7＝ ☐

2 ☐

❼ 6＋7＝ ☐

3 ☐

❽ 7＋7＝ ☐

4 ☐

❾ 5＋6＝ ☐

1 ☐

❿ 6＋6＝ ☐

2 ☐

⑪ 3+9=

⑫ 4+9=

⑬ 6+9=

⑭ 8+9=

⑮ 9+9=

⑯ 4+8=

⑰ 5+8=

⑱ 7+8=

⑲ 8+8=

⑳ 9+8=

㉑ 4+7=

㉒ 8+7=

㉓ 9+7=

㉔ 7+6=

㉕ 8+6=

㉖ 9+6=

㉗ 6+5=

㉘ 8+5=

㉙ 7+4=

㉚ 9+4=

㉛ 8+3=

○ 계산해 보시오.

❶ 3＋9＝ ☐

❷ 4＋9＝ ☐

❸ 6＋9＝ ☐

❹ 8＋9＝ ☐

❺ 4＋8＝ ☐

❻ 5＋8＝ ☐

❼ 7＋8＝ ☐

❽ 8＋8＝ ☐

❾ 9＋8＝ ☐

❿ 4＋7＝ ☐

⓫ 8＋7＝ ☐

⓬ 9＋7＝ ☐

⓭ 7＋6＝ ☐

⓮ 8＋6＝ ☐

⓯ 9＋6＝ ☐

정답 · 13쪽

⑯ 2+9=

⑰ 5+9=

⑱ 7+9=

⑲ 9+9=

⑳ 3+8=

㉑ 6+8=

㉒ 5+7=

㉓ 6+7=

㉔ 7+7=

㉕ 5+6=

㉖ 6+6=

㉗ 6+5=

㉘ 7+5=

㉙ 8+5=

㉚ 9+5=

㉛ 7+4=

㉜ 8+4=

㉝ 9+4=

㉞ 8+3=

㉟ 9+3=

㊱ 9+2=

○ 빈칸에 알맞은 수를 써넣으시오.

1
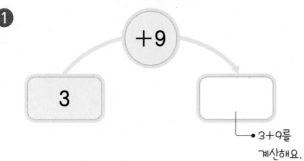

3 →(+9)→ [ ]

● 3+9를
계산해요.

2
5 →(+7)→ [ ]

3
6 →(+5)→ [ ]

4
7 →(+4)→ [ ]

5
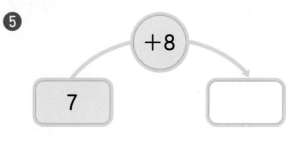

7 →(+8)→ [ ]

6
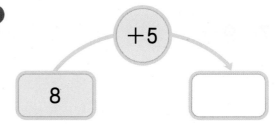

8 →(+5)→ [ ]

7
8 →(+9)→ [ ]

8
9 →(+4)→ [ ]

정답 · 13쪽

9 4 → +8 →
└• 4+8을
계산해요.

13 7 → +9 →

10 5 → +9 →

14 8 → +7 →

11 6 → +7 →

15 8 → +8 →

12 7 → +5 →

16 9 → +8 →

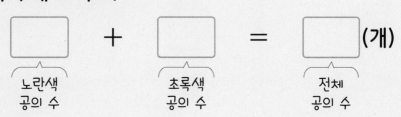 문장제 속 연산

17 노란색 공이 8개, 초록색 공이 6개 있습니다. 공은 모두 몇 개인지 구해 보시오.

☐ + ☐ = ☐ (개)

노란색   초록색   전체
공의 수   공의 수   공의 수

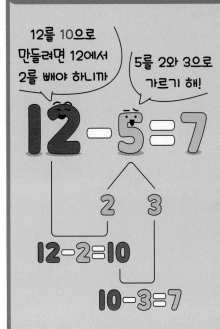

12를 10으로 만들려면 12에서 2를 빼야 하니까

5를 2와 3으로 가르기 해!

$12 - 5 = 7$

2 3

$12 - 2 = 10$

$10 - 3 = 7$

- 받아내림이 있는
  (십몇) – (몇) (1)

앞의 수에서 빼서 10이 되도록 뒤의 수를 가르기 하여 계산합니다.

$$12 - 5 = 7$$
2 3

○ 계산해 보시오.

❶ $11 - 4 = \boxed{}$

◻ 3

❷ $12 - 3 = \boxed{}$

◻ 1

❸ $12 - 6 = \boxed{}$

◻ 4

❹ $13 - 5 = \boxed{}$

◻ 2

❺ $13 - 8 = \boxed{}$

◻ 5

❻ $14 - 6 = \boxed{}$

◻ 2

❼ $14 - 7 = \boxed{}$

◻ 3

❽ $15 - 9 = \boxed{}$

◻ 4

❾ $16 - 8 = \boxed{}$

◻ 2

❿ $17 - 9 = \boxed{}$

◻ 2

4단원

정답 · 13쪽

⑪ $11-2=$

⑫ $11-3=$

⑬ $11-5=$

⑭ $11-6=$

⑮ $11-8=$

⑯ $12-4=$

⑰ $12-5=$

⑱ $12-7=$

⑲ $12-8=$

⑳ $12-9=$

㉑ $13-4=$

㉒ $13-6=$

㉓ $13-7=$

㉔ $13-9=$

㉕ $14-5=$

㉖ $14-8=$

㉗ $15-6=$

㉘ $15-7=$

㉙ $16-9=$

㉚ $17-8=$

㉛ $18-9=$

○ 계산해 보시오.

❶ 11−2=☐
☐ 1

❷ 11−5=☐
☐ 4

❸ 12−4=☐
☐ 2

❹ 12−7=☐
☐ 5

❺ 13−4=☐
☐ 1

❻ 13−7=☐
☐ 4

❼ 14−5=☐
☐ 1

❽ 14−9=☐
☐ 5

❾ 15−6=☐
☐ 1

❿ 15−7=☐
☐ 2

⓫ 15−8=☐
☐ 3

⓬ 16−7=☐
☐ 1

⓭ 16−9=☐
☐ 3

⓮ 17−8=☐
☐ 1

⓯ 18−9=☐
☐ 1

정답 · 14쪽

⑯ $11-9=$

⑰ $11-8=$

⑱ $11-7=$

⑲ $11-6=$

⑳ $11-4=$

㉑ $11-3=$

㉒ $12-9=$

㉓ $12-8=$

㉔ $12-6=$

㉕ $12-5=$

㉖ $12-3=$

㉗ $13-9=$

㉘ $13-8=$

㉙ $13-6=$

㉚ $13-5=$

㉛ $14-8=$

㉜ $14-7=$

㉝ $14-6=$

㉞ $15-9=$

㉟ $16-8=$

㊱ $17-9=$

4 받아내림이 있는 (십몇) − (몇) (2)

13을 10과 몇으로
가르기 하여 계산해!

$$13 - 6 = 7$$

3 10

$$10 - 6 = 4$$

$$3 + 4 = 7$$

● 받아내림이 있는
 (십몇) − (몇) (2)

앞의 수를 10과 몇으로 가르기
하여 계산합니다.

$$13 - 6 = 7$$

10 3

○ 계산해 보시오.

❶ $11 - 3 = \boxed{}$

10 $\boxed{}$

❷ $11 - 4 = \boxed{}$

10 $\boxed{}$

❸ $12 - 5 = \boxed{}$

10 $\boxed{}$

❹ $12 - 7 = \boxed{}$

10 $\boxed{}$

❺ $13 - 4 = \boxed{}$

10 $\boxed{}$

❻ $13 - 6 = \boxed{}$

10 $\boxed{}$

❼ $14 - 5 = \boxed{}$

10 $\boxed{}$

❽ $14 - 8 = \boxed{}$

10 $\boxed{}$

❾ $15 - 7 = \boxed{}$

10 $\boxed{}$

❿ $16 - 8 = \boxed{}$

10 $\boxed{}$

⑪ 11−2=

⑫ 11−5=

⑬ 11−6=

⑭ 11−7=

⑮ 11−8=

⑯ 11−9=

⑰ 12−4=

⑱ 12−6=

⑲ 12−8=

⑳ 12−9=

㉑ 13−5=

㉒ 13−8=

㉓ 13−9=

㉔ 14−7=

㉕ 14−9=

㉖ 15−8=

㉗ 15−9=

㉘ 16−7=

㉙ 17−8=

㉚ 17−9=

㉛ 18−9=

○ 계산해 보시오.

❶ $11 - 5 = \boxed{}$

10 $\boxed{}$

❷ $11 - 6 = \boxed{}$

10 $\boxed{}$

❸ $11 - 7 = \boxed{}$

10 $\boxed{}$

❹ $11 - 9 = \boxed{}$

10 $\boxed{}$

❺ $12 - 4 = \boxed{}$

10 $\boxed{}$

❻ $12 - 6 = \boxed{}$

10 $\boxed{}$

❼ $12 - 8 = \boxed{}$

10 $\boxed{}$

❽ $12 - 9 = \boxed{}$

10 $\boxed{}$

❾ $13 - 9 = \boxed{}$

10 $\boxed{}$

❿ $14 - 6 = \boxed{}$

10 $\boxed{}$

⓫ $15 - 6 = \boxed{}$

10 $\boxed{}$

⓬ $16 - 7 = \boxed{}$

10 $\boxed{}$

⓭ $16 - 9 = \boxed{}$

10 $\boxed{}$

⓮ $17 - 8 = \boxed{}$

10 $\boxed{}$

⓯ $18 - 9 = \boxed{}$

10 $\boxed{}$

⑯ $11-8=$

⑰ $11-4=$

⑱ $11-3=$

⑲ $11-2=$

⑳ $12-7=$

㉑ $12-5=$

㉒ $12-3=$

㉓ $13-8=$

㉔ $13-7=$

㉕ $13-6=$

㉖ $13-5=$

㉗ $13-4=$

㉘ $14-9=$

㉙ $14-8=$

㉚ $14-7=$

㉛ $14-5=$

㉜ $15-9=$

㉝ $15-8=$

㉞ $15-7=$

㉟ $16-8=$

㊱ $17-9=$

○ 빈칸에 알맞은 수를 써넣으시오.

1
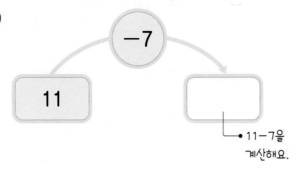

11 −7 □

• 11−7을
계산해요.

2

12 −3 □

3

13 −7 □

4

14 −6 □

5
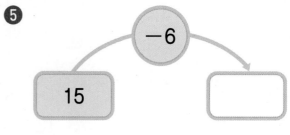

15 −6 □

6
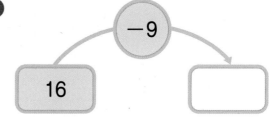

16 −9 □

7
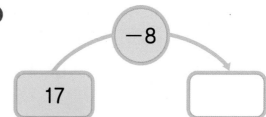

17 −8 □

8

18 −9 □

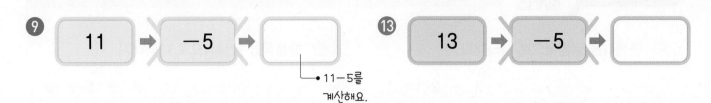

9 11 → −5 →

└─• 11−5를 계산해요.

13 13 → −5 →

10 11 → −8 →

14 13 → −9 →

11 12 → −4 →

15 14 → −7 →

12 12 → −7 →

16 16 → −8 →

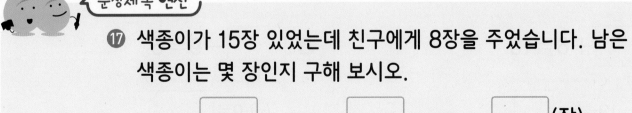

문장제 속 연산

17 색종이가 15장 있었는데 친구에게 8장을 주었습니다. 남은 색종이는 몇 장인지 구해 보시오.

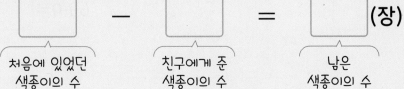

☐ − ☐ = ☐ (장)

처음에 있었던 색종이의 수   친구에게 준 색종이의 수   남은 색종이의 수

원리 **덧셈식을 뺄셈식으로 나타내기**

$$1 + 2 = 3 \Rightarrow \begin{bmatrix} 3 - 2 = 1 \\ 3 - 1 = 2 \end{bmatrix}$$

적용 **덧셈식의 어떤 수(□) 구하기**

- $\square + 5 = 13 \longrightarrow \square = 13 - 5 = 8$
- $8 + \square = 13 \longrightarrow \square = 13 - 8 = 5$

원리 **뺄셈식을 덧셈식으로 나타내기**

$$3 - 1 = 2 \Rightarrow \begin{bmatrix} 2 + 1 = 3 \\ 1 + 2 = 3 \end{bmatrix}$$

적용 **뺄셈식의 어떤 수(□) 구하기**

- $\square - 8 = 7 \longrightarrow \square = 7 + 8 = 15$
- $15 - \square = 7 \longrightarrow \square + 7 = 15$
  $\Rightarrow \square = 15 - 7 = 8$

○ 어떤 수(□)를 구하려고 합니다. □ 안에 알맞은 수를 써넣으시오.

❶ $\boxed{} + 2 = 11$

$11 - 2 = \boxed{}$

❷ $\boxed{} + 4 = 12$

$12 - 4 = \boxed{}$

❸ $\boxed{} + 6 = 13$

$13 - 6 = \boxed{}$

❹ $\boxed{} - 9 = 3$

$3 + 9 = \boxed{}$

❺ $\boxed{} - 8 = 5$

$5 + 8 = \boxed{}$

❻ $\boxed{} - 9 = 6$

$6 + 9 = \boxed{}$

⑦ 5+ ☐ =11

11−5= ☐

⑧ 7+ ☐ =14

14−7= ☐

⑨ 8+ ☐ =16

16−8= ☐

⑩ 8+ ☐ =17

17−8= ☐

⑪ 9+ ☐ =18

18−9= ☐

⑫ 13− ☐ =9

13−9= ☐

⑬ 14− ☐ =8

14−8= ☐

⑭ 15− ☐ =6

15−6= ☐

⑮ 16− ☐ =7

16−7= ☐

⑯ 17− ☐ =9

17−9= ☐

○ 계산해 보시오.

1   $3+8=$

2   $5+7=$

3   $6+5=$

4   $6+8=$

5   $7+6=$

6   $7+9=$

7   $8+5=$

8   $8+7=$

9   $9+4=$

10   $9+8=$

11   $11-5=$

12   $12-4=$

13   $13-6=$

14   $14-5=$

정답 · 15쪽

15 14−8=

16 15−7=

17 15−9=

18 16−8=

19 17−9=

20 18−9=

○ 빈칸에 알맞은 수를 써넣으시오.

21
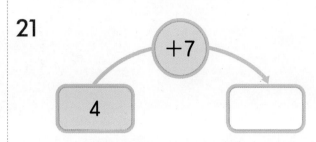

22
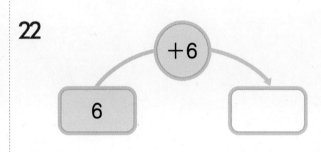

23
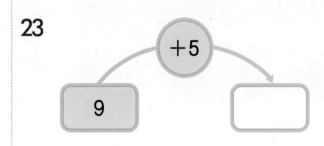

24
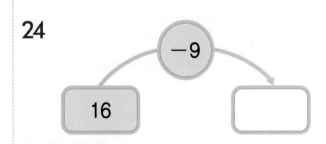

25
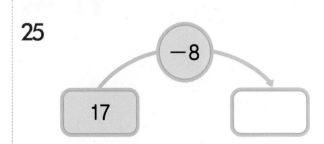

🔗 4단원의 연산 실력을 보충하고 싶다면 클리닉 북 19~22쪽을 풀어 보세요.

규칙 찾기

학습 내용	학습 회차	걸린 시간
① 규칙 찾기	1일 차	/4분
② 규칙 만들기	2일 차	/4분
③ 수 배열, 수 배열표에서 규칙 찾기	3일 차	/8분
④ 규칙을 여러 가지 방법으로 나타내기	4일 차	/4분
평가 5. 규칙 찾기	5일 차	/16분

기초력 상승!

헛 둘!
헛 둘!

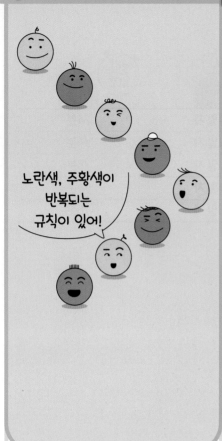

노란색, 주황색이
반복되는
규칙이 있어!

규칙 찾기

• 색이 반복되는 규칙 찾기

규칙 빨간색, 파란색이 반복됩니다.

• 모양이 반복되는 규칙 찾기

규칙 ●, ▲가 반복됩니다.

○ 규칙에 따라 빈칸에 알맞은 모양을 그려 보시오.

❶

| ○ | □ | ○ | □ | ○ | □ | |

❷

| ♡ | △ | △ | ♡ | △ | △ | |

❸

| ◇ | ◇ | ☆ | ◇ | ◇ | ☆ | |

❹

| ▽ | ○ | ▽ | ▽ | ○ | ▽ | |

◦ 규칙을 찾아 ☐ 안에 알맞은 말을 써넣으시오.

5

←축구공 ←야구공

야구공, ☐ 이 반복됩니다.

6

토마토, ☐ , 참외가 반복됩니다.

7

☐ , 햄버거, 핫도그가 반복됩니다.

8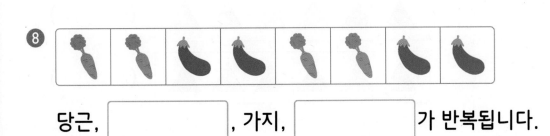

당근, ☐ , 가지, ☐ 가 반복됩니다.

2 규칙 만들기

주황색, 연두색이 반복되는
규칙을 만들자!

●규칙 만들기

• 파란색, 빨간색이 반복되는 규칙
 만들기

• 치약, 칫솔, 칫솔이 반복되는
 규칙 만들기

○ 규칙에 따라 만든 것에 ◯표 하시오.

❶ [규칙] 노란색, 초록색이 반복됩니다.

(   )

(   )

❷ [규칙] 빨간색, 파란색, 파란색이 반복됩니다.

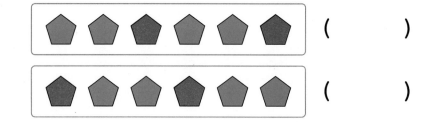

(   )

(   )

❸ [규칙] 보라색, 보라색, 주황색이 반복됩니다.

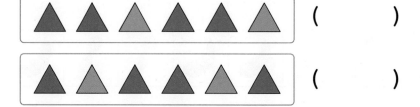

(   )

(   )

❹ 규칙 저금통, 선물 상자가 반복됩니다.

(   )

(   )

❺ 규칙 나팔, 나팔, 북이 반복됩니다.

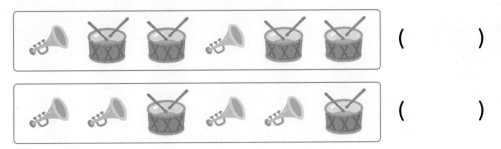

(   )

(   )

❻ 규칙 털실, 모자, 털실이 반복됩니다.

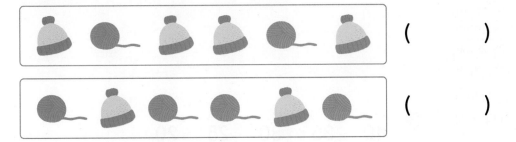

(   )

(   )

1부터 시작하여 2씩 커지는 규칙이 있어!

● 수 배열에서 규칙 찾기

· 2 ─ 5 ─ 2 ─ 5 ─ 2 ─ 5

규칙 2, 5가 반복됩니다.

· 1 ─ 3 ─ 5 ─ 7 ─ 9 ─ 11

규칙 1부터 시작하여 2씩 커집니다.

● 수 배열표에서 규칙 찾기

1	2	3	4	5	6	7	8	9	10
11	12	13	14	15	16	17	18	19	20
21	22	23	24	25	26	27	28	29	30
31	32	33	34	35	36	37	38	39	40

규칙 1 ┈┈┈에 있는 수는 11부터 시작하여 → 방향으로 1씩 커집니다.

규칙 2 ┈┈┈에 있는 수는 7부터 시작하여 ↓ 방향으로 10씩 커집니다.

○ 규칙에 따라 빈칸에 알맞은 수를 써넣으시오.

❶ 9 ─ 6 ─ 9 ─ 6 ─ 9 ─ 6 ─ ☐ ─ ☐

❷ 3 ─ 3 ─ 7 ─ 3 ─ 3 ─ 7 ─ ☐ ─ ☐

❸ 2 ─ 4 ─ 6 ─ 8 ─ 10 ─ ☐ ─ ☐ ─ 16

❹ 20 ─ 30 ─ 40 ─ 50 ─ 60 ─ ☐ ─ 80 ─ ☐

❺ 15 ─ 13 ─ 11 ─ 9 ─ ☐ ─ ☐ ─ 3 ─ 1

❻ 40 ─ 35 ─ 30 ─ 25 ─ 20 ─ ☐ ─ ☐ ─ 5

○ 규칙에 따라 색칠해 보시오.

7

1	2	3	4	5	6	7	8	9	10
11	12	13	14	15	16	17	18	19	20
21	22	23	24	25	26	27	28	29	30

8

31	32	33	34	35	36	37	38	39	40
41	42	43	44	45	46	47	48	49	50
51	52	53	54	55	56	57	58	59	60

9

51	52	53	54	55	56	57	58	59	60
61	62	63	64	65	66	67	68	69	70
71	72	73	74	75	76	77	78	79	80

10

71	72	73	74	75	76	77	78	79	80
81	82	83	84	85	86	87	88	89	90
91	92	93	94	95	96	97	98	99	100

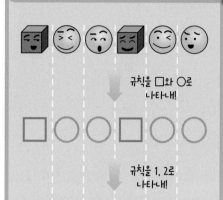

규칙을 □와 ○로
나타내!

규칙을 1, 2로
나타내!

규칙을 여러 가지 방법으로 나타내기

- 규칙을 말로 나타내기
  규칙 상자 모양, 공 모양, 공 모양이 반복됩니다.

- 상자 모양을 □, 공 모양을 ○로 하여 규칙을 모양으로 나타내기
  규칙 □ ○ ○ □ ○ ○

- 상자 모양을 1, 공 모양을 2로 하여 규칙을 수로 나타내기
  규칙 1 2 2 1 2 2

○ 규칙에 따라 빈칸에 알맞은 모양이나 수를 넣으시오.

1

| △ | ○ | △ | ○ | △ | ○ | | |

2

| ◎ | ◎ | ◇ | ◇ | ◎ | ◎ | | |

3

| □ | △ | △ | □ | △ | △ | | |

4

| ▽ | ▽ | ◇ | ▽ | ▽ | ◇ | | |

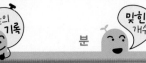

❺
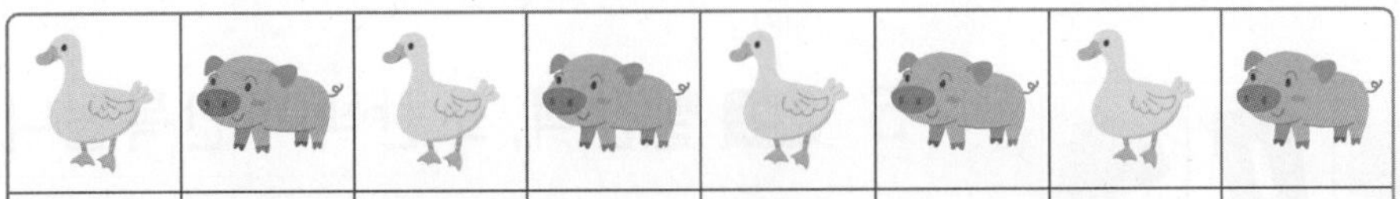

2	4	2	4	2	4		

❻
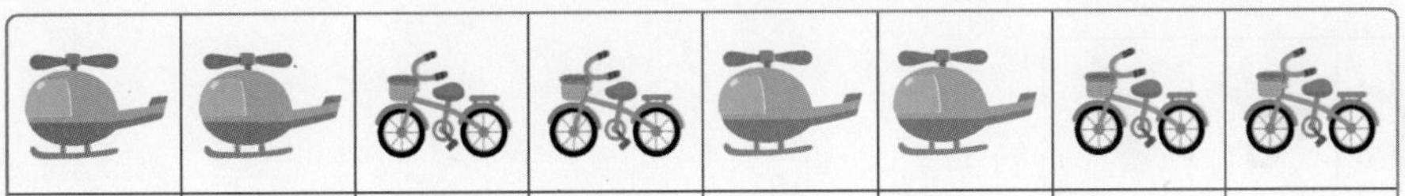

0	0	2	2	0	0		

❼
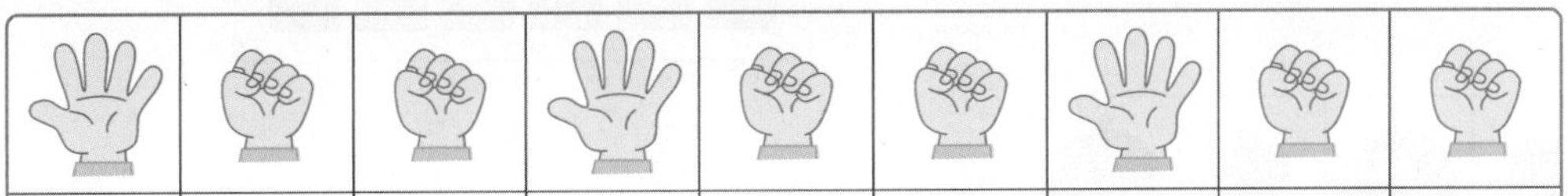

5	0	0	5	0	0			

❽
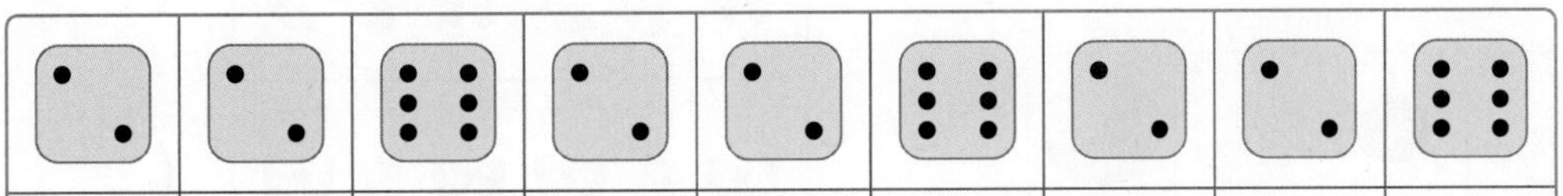

2	2	6	2	2				6

○ 규칙을 찾아 ☐ 안에 알맞은 말을 써넣으시오.

1

☐, 치마가 반복됩니다.

2

가위, ☐, 색연필이 반복됩니다.

3

사과, ☐이 반복됩니다.

4

해, 달, ☐이 반복됩니다.

○ 규칙에 따라 만든 것에 ◯표 하시오.

5 규칙 빨간색, 노란색이 반복됩니다.

(   )

(   )

6 규칙 주황색, 주황색, 파란색이 반복됩니다.

(   )

(   )

7 규칙 리본, 양말, 양말이 반복됩니다.

(   )

(   )

정답 • 17쪽

◎ 규칙에 따라 빈칸에 알맞은 수를 써넣으시오.

8　8 — 6 — 8 — 6 — ☐

9　1 — 3 — 5 — 7 — ☐

10　5 — 10 — 15 — 20 — ☐

11　15 — 12 — 9 — 6 — ☐

◎ 규칙에 따라 색칠해 보시오.

12

1	2	3	4	5	6	7	8	9	10
11	12	13	14	15	16	17	18	19	20
21	22	23	24	25	26	27	28	29	30

13

31	32	33	34	35	36	37	38	39	40
41	42	43	44	45	46	47	48	49	50
51	52	53	54	55	56	57	58	59	60

◎ 규칙에 따라 빈칸에 알맞은 모양이나 수를 넣으시오.

14

🍍	🍇	🍍	🍇	🍍	🍇
☐	△	☐	△		

15

🍦	🍦	🥧	🍦	🍦	🥧
▽	▽	○	▽		

16

✋	✌	✌	✋	✌	✌
5	2	2	5		

17

🐋	🐘	🐋	🐋	🐘	🐋
0	4	0	0		

5단원의 연산 실력을 보충하고 싶다면 클리닉 북 23~26쪽을 풀어 보세요.

덧셈과 뺄셈 (3)

학습내용	학습 회차	걸린 시간
1 받아올림이 없는 (몇십) + (몇), (몇) + (몇십)	1일 차	/6분
	2일 차	/10분
2 받아올림이 없는 (몇십몇) + (몇), (몇) + (몇십몇)	3일 차	/6분
	4일 차	/10분
1 ~ 2 다르게 풀기	5일 차	/8분
3 받아올림이 없는 (몇십) + (몇십)	6일 차	/6분
	7일 차	/10분
4 받아올림이 없는 (몇십몇) + (몇십몇)	8일 차	/6분
	9일 차	/10분
3 ~ 4 다르게 풀기	10일 차	/8분
5 받아내림이 없는 (몇십몇) - (몇)	11일 차	/6분
	12일 차	/10분
6 받아내림이 없는 (몇십) - (몇십)	13일 차	/6분
	14일 차	/10분
5 ~ 6 다르게 풀기	15일 차	/8분
7 받아내림이 없는 (몇십몇) - (몇십)	16일 차	/6분
	17일 차	/10분
8 받아내림이 없는 (몇십몇) - (몇십몇)	18일 차	/6분
	19일 차	/10분
7 ~ 8 다르게 풀기	20일 차	/8분
비법 강의 초등에서 푸는 방정식 계산 비법	21일 차	/4분
평가 6. 덧셈과 뺄셈 (3)	22일 차	/12분

계산력 상승!

헛 둘! 헛 둘!

낱개의 수끼리 더하면
0 + 5 = 5야!

$$3\ 0 + 5$$

$$3\ 5$$

10개씩 묶음의 수인
3을 그대로 내려 써!

● 받아올림이 없는
(몇십) + (몇), (몇) + (몇십)

낱개의 수끼리 더한 다음 10개씩
묶음의 수를 그대로 내려 씁니다.

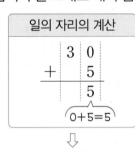

일의 자리의 계산

$$\begin{array}{r} 3\ 0 \\ +\quad 5 \\ \hline 5 \end{array}$$

0 + 5 = 5

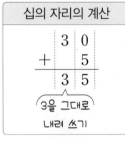

십의 자리의 계산

$$\begin{array}{r} 3\ 0 \\ +\quad 5 \\ \hline 3\ 5 \end{array}$$

3을 그대로
내려 쓰기

◉ 덧셈을 해 보시오.

1
$$\begin{array}{r} 1\ 0 \\ +\quad 2 \\ \hline \end{array}$$

2
$$\begin{array}{r} 2\ 0 \\ +\quad 3 \\ \hline \end{array}$$

3
$$\begin{array}{r} 3\ 0 \\ +\quad 1 \\ \hline \end{array}$$

4
$$\begin{array}{r} 4\ 0 \\ +\quad 4 \\ \hline \end{array}$$

5
$$\begin{array}{r} 5\ 0 \\ +\quad 5 \\ \hline \end{array}$$

6
$$\begin{array}{r} \quad 2 \\ +\ 5\ 0 \\ \hline \end{array}$$

7
$$\begin{array}{r} \quad 3 \\ +\ 6\ 0 \\ \hline \end{array}$$

8
$$\begin{array}{r} \quad 4 \\ +\ 7\ 0 \\ \hline \end{array}$$

9
$$\begin{array}{r} \quad 7 \\ +\ 8\ 0 \\ \hline \end{array}$$

10
$$\begin{array}{r} \quad 8 \\ +\ 9\ 0 \\ \hline \end{array}$$

⑪ 10＋3＝

⑮ 50＋1＝

⑲ 2＋40＝

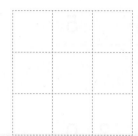

⑫ 20＋5＝

⑯ 60＋3＝

⑳ 4＋30＝

⑬ 30＋6＝

⑰ 70＋7＝

㉑ 8＋60＝

⑭ 40＋3＝

⑱ 80＋4＝

㉒ 9＋50＝

○ 덧셈을 해 보시오.

❶
```
    1 0
+     5
_____
```

❷
```
    2 0
+     4
_____
```

❸
```
    2 0
+     9
_____
```

❹
```
    3 0
+     7
_____
```

❺
```
    4 0
+     8
_____
```

❻
```
    4 0
+     9
_____
```

❼
```
    5 0
+     6
_____
```

❽
```
    6 0
+     5
_____
```

❾
```
    7 0
+     2
_____
```

❿
```
    7 0
+     3
_____
```

⓫
```
    8 0
+     7
_____
```

⓬
```
    9 0
+     5
_____
```

⓭
```
      2
+   1 0
_____
```

⓮
```
      4
+   9 0
_____
```

⓯
```
      5
+   7 0
_____
```

⓰
```
      6
+   8 0
_____
```

⓱
```
      7
+   6 0
_____
```

⓲
```
      8
+   3 0
_____
```

⑲ $10+7=$

⑳ $20+1=$

㉑ $20+7=$

㉒ $30+2=$

㉓ $30+4=$

㉔ $30+8=$

㉕ $40+5=$

㉖ $40+6=$

㉗ $40+7=$

㉘ $50+8=$

㉙ $60+2=$

㉚ $60+6=$

㉛ $70+4=$

㉜ $80+1=$

㉝ $3+90=$

㉞ $4+60=$

㉟ $5+30=$

㊱ $7+50=$

㊲ $8+50=$

㊳ $8+70=$

㊴ $9+20=$

2 받아올림이 없는 (몇십몇) + (몇), (몇) + (몇십몇)

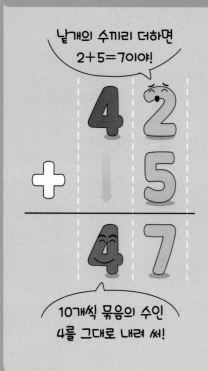

낱개의 수끼리 더하면
2+5=7이야!

10개씩 묶음의 수인
4를 그대로 내려 써!

● 받아올림이 없는
 (몇십몇)+(몇), (몇)+(몇십몇)
낱개의 수끼리 더한 다음 10개씩
묶음의 수를 그대로 내려 씁니다.

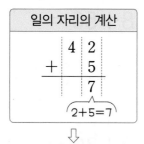

일의 자리의 계산

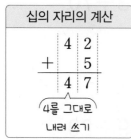

십의 자리의 계산

○ 덧셈을 해 보시오.

①
```
    1  2
+      1
```

②
```
    1  5
+      3
```

③
```
    2  4
+      5
```

④
```
    3  1
+      2
```

⑤
```
    4  7
+      1
```

⑥
```
       1
+   4  3
```

⑦
```
       4
+   5  2
```

⑧
```
       5
+   6  1
```

⑨
```
       6
+   7  2
```

⑩
```
       7
+   8  2
```

⑪ 21＋3＝

⑮ 64＋1＝

⑲ 2＋73＝

⑫ 32＋4＝

⑯ 72＋4＝

⑳ 3＋42＝

⑬ 41＋5＝

⑰ 84＋3＝

㉑ 5＋62＝

⑭ 53＋4＝

⑱ 92＋6＝
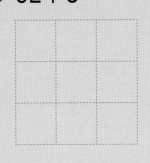

㉒ 6＋51＝

○ 덧셈을 해 보시오.

❶ $\begin{array}{r} 21 \\ +\ \ 1 \\ \hline \end{array}$

❷ $\begin{array}{r} 32 \\ +\ \ 1 \\ \hline \end{array}$

❸ $\begin{array}{r} 37 \\ +\ \ 2 \\ \hline \end{array}$

❹ $\begin{array}{r} 43 \\ +\ \ 2 \\ \hline \end{array}$

❺ $\begin{array}{r} 51 \\ +\ \ 4 \\ \hline \end{array}$

❻ $\begin{array}{r} 52 \\ +\ \ 1 \\ \hline \end{array}$

❼ $\begin{array}{r} 62 \\ +\ \ 5 \\ \hline \end{array}$

❽ $\begin{array}{r} 64 \\ +\ \ 2 \\ \hline \end{array}$

❾ $\begin{array}{r} 73 \\ +\ \ 5 \\ \hline \end{array}$

❿ $\begin{array}{r} 74 \\ +\ \ 1 \\ \hline \end{array}$

⓫ $\begin{array}{r} 83 \\ +\ \ 4 \\ \hline \end{array}$

⓬ $\begin{array}{r} 92 \\ +\ \ 3 \\ \hline \end{array}$

⓭ $\begin{array}{r} 1 \\ +\ 45 \\ \hline \end{array}$

⓮ $\begin{array}{r} 2 \\ +\ 74 \\ \hline \end{array}$

⓯ $\begin{array}{r} 3 \\ +\ 16 \\ \hline \end{array}$

⓰ $\begin{array}{r} 4 \\ +\ 83 \\ \hline \end{array}$

⓱ $\begin{array}{r} 5 \\ +\ 91 \\ \hline \end{array}$

⓲ $\begin{array}{r} 6 \\ +\ 62 \\ \hline \end{array}$

⑲ 16+2=

⑳ 22+4=

㉑ 33+3=

㉒ 34+1=

㉓ 44+3=

㉔ 47+2=

㉕ 53+2=

㉖ 56+1=

㉗ 61+7=

㉘ 63+5=

㉙ 74+3=

㉚ 76+3=

㉛ 85+4=

㉜ 97+2=

㉝ 2+55=

㉞ 3+32=

㉟ 4+53=

㊱ 4+61=

㊲ 5+73=

㊳ 7+21=

㊴ 7+92=

○ 빈칸에 알맞은 수를 써넣으시오.

1
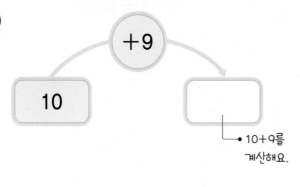
+9
10
• 10+9를
계산해요.

2

+2
35

3
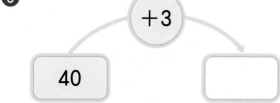
+3
40

4
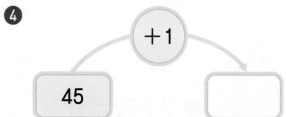
+1
45

5
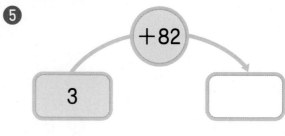
+82
3

6

+73
4

7
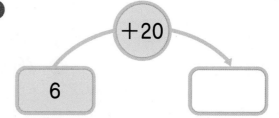
+20
6

8
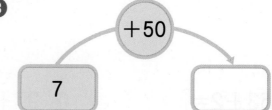
+50
7

❾ 20 ➡ +4 ➡ [ ]
┗ ● 20+4를
    계산해요.

❿ 25 ➡ +3 ➡ [ ]

⓫ 36 ➡ +3 ➡ [ ]

⓬ 60 ➡ +7 ➡ [ ]

⓭ 3 ➡ +70 ➡ [ ]

⓮ 4 ➡ +64 ➡ [ ]

⓯ 6 ➡ +52 ➡ [ ]

⓰ 9 ➡ +80 ➡ [ ]

문장제 속 연산

⓱ 빨간색 구슬은 21개이고 파란색 구슬은 7개입니다. 구슬은
모두 몇 개인지 구해 보시오.

[ ] + [ ] = [ ] (개)

빨간색   파란색   전체
구슬의 수   구슬의 수   구슬의 수

3 받아올림이 없는 (몇십)+(몇십)

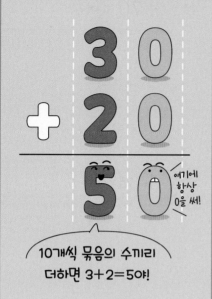

10개씩 묶음의 수끼리 더하면 3+2=5야!

● 받아올림이 없는 (몇십)+(몇십)

낱개의 수인 0을 쓴 다음 10개씩 묶음의 수끼리 더합니다.

일의 자리의 계산
3 0
+ 2 0
0
0을 쓰기

⇩

십의 자리의 계산
3 0
+ 2 0
5 0
3+2=5

○ 덧셈을 해 보시오.

①

```
   1 0
+  2 0
──────
```

②

```
   1 0
+  4 0
──────
```

③

```
   2 0
+  3 0
──────
```

④

```
   2 0
+  7 0
──────
```

⑤

```
   3 0
+  1 0
──────
```

⑥

```
   4 0
+  2 0
──────
```

⑦

```
   5 0
+  3 0
──────
```

⑧

```
   6 0
+  2 0
──────
```

⑨

```
   6 0
+  3 0
──────
```

⑩

```
   7 0
+  1 0
──────
```

⓫ $10+30=$

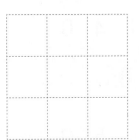

⓬ $20+10=$

⓭ $20+20=$

⓮ $30+30=$

⓯ $30+50=$

⓰ $40+30=$

⓱ $40+40=$

⓲ $50+10=$

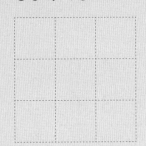

⓳ $50+20=$

⓴ $60+10=$

㉑ $70+20=$

㉒ $80+10=$

③ 받아올림이 없는 (몇십) + (몇십)

○ 덧셈을 해 보시오.

❶
```
    1 0
+   3 0
─────────
```

❷
```
    1 0
+   4 0
─────────
```

❸
```
    1 0
+   8 0
─────────
```

❹
```
    2 0
+   1 0
─────────
```

❺
```
    2 0
+   2 0
─────────
```

❻
```
    2 0
+   5 0
─────────
```

❼
```
    2 0
+   7 0
─────────
```

❽
```
    3 0
+   1 0
─────────
```

❾
```
    3 0
+   2 0
─────────
```

❿
```
    3 0
+   5 0
─────────
```

⓫
```
    4 0
+   2 0
─────────
```

⓬
```
    4 0
+   3 0
─────────
```

⓭
```
    4 0
+   4 0
─────────
```

⓮
```
    5 0
+   1 0
─────────
```

⓯
```
    5 0
+   4 0
─────────
```

⓰
```
    6 0
+   2 0
─────────
```

⓱
```
    6 0
+   3 0
─────────
```

⓲
```
    7 0
+   1 0
─────────
```

⑲ 10＋20＝

⑳ 10＋50＝

㉑ 10＋60＝

㉒ 20＋30＝

㉓ 20＋60＝

㉔ 30＋30＝

㉕ 30＋40＝

㉖ 30＋60＝

㉗ 40＋10＝

㉘ 40＋20＝

㉙ 40＋30＝

㉚ 40＋50＝

㉛ 50＋20＝

㉜ 50＋30＝

㉝ 50＋40＝

㉞ 60＋10＝

㉟ 60＋20＝

㊱ 60＋30＝

㊲ 70＋10＝

㊳ 70＋20＝

㊴ 80＋10＝

4 받아올림이 없는 (몇십몇) + (몇십몇)

낱개의 수끼리 더하면
3+4=7이야!

10개씩 묶음의 수끼리
더하면 2+1=3이야!

● 받아올림이 없는
(몇십몇) + (몇십몇)

낱개의 수끼리 더한 다음 10개씩
묶음의 수끼리 더합니다.

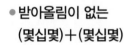

일의 자리의 계산

```
    2   3
+   1   4
─────────
        7
     └ 3+4=7
```

⇩

십의 자리의 계산

```
    2   3
+   1   4
─────────
    3   7
   └ 2+1=3
```

○ 덧셈을 해 보시오.

❶
```
    1   2
+   1   3
─────────
```

❷
```
    1   4
+   3   2
─────────
```

❸
```
    2   1
+   1   5
─────────
```

❹
```
    2   3
+   7   6
─────────
```

❺
```
    3   3
+   5   1
─────────
```

❻
```
    3   4
+   4   3
─────────
```

❼
```
    4   1
+   1   1
─────────
```

❽
```
    5   4
+   3   2
─────────
```

❾
```
    6   5
+   2   4
─────────
```

❿
```
    8   1
+   1   7
─────────
```

⑪ 12＋31＝

⑫ 16＋32＝

⑬ 22＋35＝

⑭ 25＋14＝

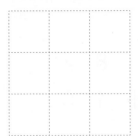

⑮ 32＋45＝

⑯ 42＋17＝

⑰ 52＋14＝

⑱ 55＋21＝

⑲ 63＋35＝

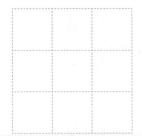

⑳ 67＋21＝

㉑ 74＋12＝

㉒ 83＋11＝

○ 덧셈을 해 보시오.

❶
```
    1 1
+   1 4
────────
```

❷
```
    1 2
+   2 1
────────
```

❸
```
    1 3
+   7 2
────────
```

❹
```
    1 4
+   8 2
────────
```

❺
```
    2 4
+   3 5
────────
```

❻
```
    2 5
+   3 2
────────
```

❼
```
    3 5
+   4 3
────────
```

❽
```
    3 7
+   5 2
────────
```

❾
```
    4 5
+   4 1
────────
```

❿
```
    4 6
+   3 2
────────
```

⓫
```
    4 7
+   1 2
────────
```

⓬
```
    5 3
+   3 4
────────
```

⓭
```
    5 4
+   2 3
────────
```

⓮
```
    6 1
+   3 5
────────
```

⓯
```
    6 2
+   1 5
────────
```

⓰
```
    6 3
+   2 2
────────
```

⓱
```
    7 4
+   2 3
────────
```

⓲
```
    8 2
+   1 6
────────
```

⑲ 11+75=

⑳ 13+36=

㉑ 16+51=

㉒ 17+81=

㉓ 21+47=

㉔ 26+53=

㉕ 31+24=

㉖ 32+34=

㉗ 34+13=

㉘ 43+54=

㉙ 44+12=

㉚ 48+31=

㉛ 51+35=

㉜ 56+23=

㉝ 64+23=

㉞ 66+23=

㉟ 67+12=

㊱ 73+21=

㊲ 75+22=

㊳ 85+14=

㊴ 86+12=

○ 빈칸에 알맞은 수를 써넣으시오.

1

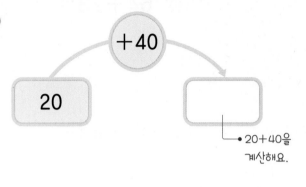

20 $\xrightarrow{+40}$

• 20+40을
계산해요.

2

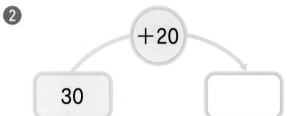

30 $\xrightarrow{+20}$

3

36 $\xrightarrow{+12}$

4

40 $\xrightarrow{+30}$

5

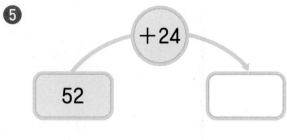

52 $\xrightarrow{+24}$

6

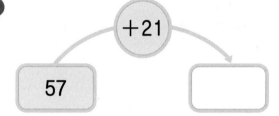

57 $\xrightarrow{+21}$

7

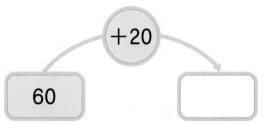

60 $\xrightarrow{+20}$

8

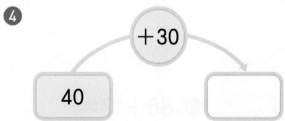

71 $\xrightarrow{+16}$

9 31 → +43 → ⬜
└─ •31+43을
계산해요.

10 40 → +40 → ⬜

11 43 → +16 → ⬜

12 50 → +20 → ⬜

13 60 → +10 → ⬜

14 65 → +32 → ⬜

15 76 → +23 → ⬜

16 80 → +10 → ⬜

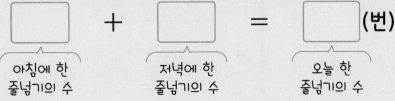
문장제 속 연산

17 지아는 오늘 줄넘기를 아침에 43번 했고, 저녁에 32번 했습니다. 지아는 오늘 줄넘기를 모두 몇 번 했는지 구해 보시오.

⬜ + ⬜ = ⬜ (번)

아침에 한   저녁에 한   오늘 한
줄넘기의 수   줄넘기의 수   줄넘기의 수

받아내림이 없는 (몇십몇) − (몇)

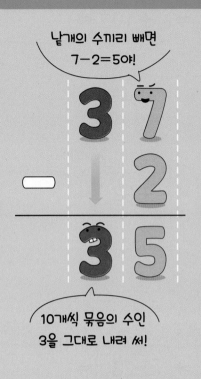

낱개의 수끼리 빼면
7−2=5야!

3 7
− 2
─────
3 5

10개씩 묶음의 수인
3을 그대로 내려 써!

● 받아내림이 없는 (몇십몇)−(몇)

낱개의 수끼리 뺀 다음 10개씩 묶음의 수를 그대로 내려 씁니다.

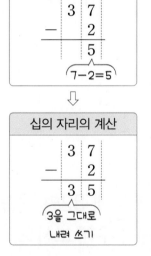

일의 자리의 계산

3 7
− 2
─────
5
7−2=5

⇓

십의 자리의 계산

3 7
− 2
─────
3 5

3을 그대로
내려 쓰기

○ 뺄셈을 해 보시오.

①
```
   1 3
 −   2
 ─────
```

②
```
   2 4
 −   1
 ─────
```

③
```
   3 8
 −   7
 ─────
```

④
```
   4 6
 −   2
 ─────
```

⑤
```
   5 5
 −   4
 ─────
```

⑥
```
   5 9
 −   6
 ─────
```

⑦
```
   6 5
 −   3
 ─────
```

⑧
```
   7 7
 −   4
 ─────
```

⑨
```
   8 5
 −   1
 ─────
```

⑩
```
   9 8
 −   5
 ─────
```

⑪ 19－7＝

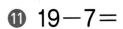

⑮ 46－1＝

⑲ 69－8＝

⑫ 28－1＝

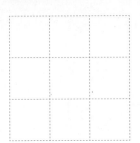

⑯ 57－3＝

⑳ 73－2＝

⑬ 36－4＝

⑰ 58－6＝

㉑ 86－5＝

⑭ 44－3＝

⑱ 68－4＝

㉒ 97－5＝

○ 뺄셈을 해 보시오.

❶
```
    1 5
  −   1
```

❷
```
    1 7
  −   3
```

❸
```
    2 5
  −   3
```

❹
```
    2 8
  −   2
```

❺
```
    3 3
  −   1
```

❻
```
    3 8
  −   3
```

❼
```
    4 5
  −   4
```

❽
```
    4 9
  −   6
```

❾
```
    5 6
  −   2
```

❿
```
    5 8
  −   4
```

⓫
```
    6 3
  −   2
```

⓬
```
    6 9
  −   1
```

⓭
```
    7 4
  −   2
```

⓮
```
    7 9
  −   5
```

⓯
```
    8 2
  −   1
```

⓰
```
    8 7
  −   4
```

⓱
```
    9 4
  −   1
```

⓲
```
    9 8
  −   6
```

⑲ 14−2=

⑳ 16−1=

㉑ 24−3=

㉒ 28−4=

㉓ 34−1=

㉔ 37−4=

㉕ 39−5=

㉖ 46−5=

㉗ 48−5=

㉘ 57−5=

㉙ 59−2=

㉚ 62−1=

㉛ 64−3=

㉜ 66−2=

㉝ 75−2=

㉞ 76−3=

㉟ 78−5=

㊱ 85−3=

㊲ 89−7=

㊳ 96−4=

㊴ 97−6=

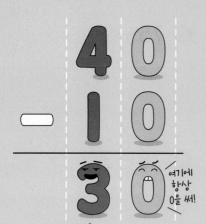

10개씩 묶음의 수끼리
빼면 4−1=3이야!

• 받아내림이 없는 (몇십)−(몇십)

낱개의 수인 0을 쓴 다음 10개씩
묶음의 수끼리 뺍니다.

일의 자리의 계산

```
    4 0
  − 1 0
      0
```
0을 쓰기

⇩

십의 자리의 계산

```
    4 0
  − 1 0
    3 0
```
4−1=3

○ 뺄셈을 해 보시오.

1
```
    2 0
  − 1 0
```

2
```
    3 0
  − 1 0
```

3
```
    4 0
  − 2 0
```

4
```
    5 0
  − 1 0
```

5
```
    5 0
  − 4 0
```

6
```
    6 0
  − 2 0
```

7
```
    6 0
  − 3 0
```

8
```
    7 0
  − 3 0
```

9
```
    8 0
  − 2 0
```

10
```
    9 0
  − 5 0
```

⓫ 30−20=

⓬ 40−30=

⓭ 50−20=

⓮ 50−30=

⓯ 60−10=

⓰ 60−40=

⓱ 70−20=

⓲ 70−50=

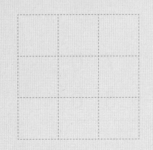

⓳ 80−40=

⓴ 80−60=

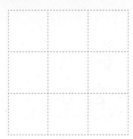

㉑ 90−30=

㉒ 90−40=

○ 뺄셈을 해 보시오.

❶
```
    3 0
  − 1 0
```

❷
```
    4 0
  − 1 0
```

❸
```
    4 0
  − 2 0
```

❹
```
    5 0
  − 1 0
```

❺
```
    5 0
  − 2 0
```

❻
```
    5 0
  − 4 0
```

❼
```
    6 0
  − 1 0
```

❽
```
    6 0
  − 3 0
```

❾
```
    6 0
  − 4 0
```

❿
```
    7 0
  − 3 0
```

⓫
```
    7 0
  − 4 0
```

⓬
```
    7 0
  − 5 0
```

⓭
```
    8 0
  − 3 0
```

⓮
```
    8 0
  − 4 0
```

⓯
```
    8 0
  − 6 0
```

⓰
```
    9 0
  − 2 0
```

⓱
```
    9 0
  − 5 0
```

⓲
```
    9 0
  − 7 0
```

⑲ 10−10=

⑳ 20−10=

㉑ 30−20=

㉒ 40−30=

㉓ 40−40=

㉔ 50−30=

㉕ 50−50=

㉖ 60−20=

㉗ 60−50=

㉘ 70−10=

㉙ 70−20=

㉚ 70−60=

㉛ 80−10=

㉜ 80−20=

㉝ 80−50=

㉞ 80−70=

㉟ 90−10=

㊱ 90−30=

㊲ 90−40=

㊳ 90−60=

㊴ 90−80=

○ 빈칸에 알맞은 수를 써넣으시오.

1

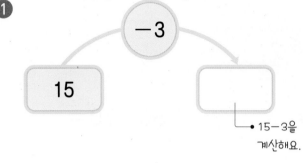

15 — −3 → [ ]
• 15−3을
계산해요.

2

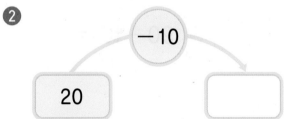

20 — −10 → [ ]

3

26 — −4 → [ ]

4

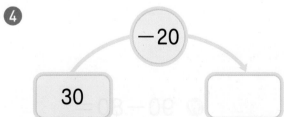

30 — −20 → [ ]

5

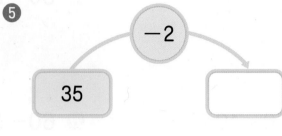

35 — −2 → [ ]

6

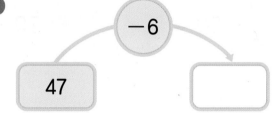

47 — −6 → [ ]

7

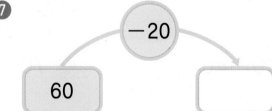

60 — −20 → [ ]

8

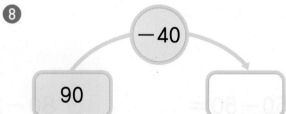

90 — −40 → [ ]

정답·21쪽

❾ 16 → −5 → [ ]
　　　　　　　　└ • 16−5를
　　　　　　　　　 계산해요.

❿ 30 → −10 → [ ]

⓫ 34 → −2 → [ ]

⓬ 57 → −4 → [ ]

⓭ 70 → −20 → [ ]

⓮ 80 → −60 → [ ]

⓯ 86 → −3 → [ ]

⓰ 90 → −70 → [ ]

문장제 속 연산

⓱ 학생 28명이 운동장에서 놀고 있었습니다. 그중에서 6명이
교실로 들어갔습니다. 운동장에 남아 있는 학생은 몇 명인지
구해 보시오.

[ ] − [ ] = [ ] (명)

운동장에서 놀고　　교실로 들어간　　운동장에 남아
있었던 학생 수　　　학생 수　　　　있는 학생 수

받아내림이 없는 (몇십몇) − (몇십)

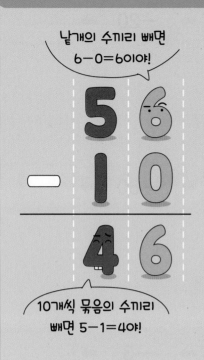

낱개의 수끼리 빼면
6−0=6이야!

10개씩 묶음의 수끼리
빼면 5−1=4야!

● 받아내림이 없는
(몇십몇) − (몇십)

낱개의 수끼리 뺀 다음 10개씩
묶음의 수끼리 뺍니다.

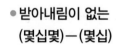

일의 자리의 계산
5 6
− 1 0
6
6−0=6

⇩

십의 자리의 계산
5 6
− 1 0
4 6
5−1=4

○ 뺄셈을 해 보시오.

①

```
    2  4
 −  1  0
```

②

```
    3  5
 −  2  0
```

③

```
    4  2
 −  1  0
```

④

```
    5  3
 −  2  0
```

⑤

```
    5  7
 −  4  0
```

⑥

```
    6  7
 −  3  0
```

⑦

```
    6  8
 −  4  0
```

⑧

```
    7  3
 −  5  0
```

⑨

```
    8  6
 −  3  0
```

⑩

```
    9  5
 −  2  0
```

⓫ 28−20＝

⓯ 63−10＝

⓳ 79−50＝

⓬ 33−10＝

⓰ 65−30＝

⓴ 84−60＝

⓭ 45−20＝

⓱ 66−20＝

㉑ 85−40＝

⓮ 52−30＝

⓲ 71−20＝

㉒ 99−70＝

○ 뺄셈을 해 보시오.

❶
```
    2  3
 −  1  0
```

❷
```
    3  2
 −  1  0
```

❸
```
    4  1
 −  3  0
```

❹
```
    4  3
 −  2  0
```

❺
```
    4  6
 −  1  0
```

❻
```
    5  5
 −  1  0
```

❼
```
    5  6
 −  2  0
```

❽
```
    5  8
 −  4  0
```

❾
```
    6  4
 −  3  0
```

❿
```
    6  5
 −  4  0
```

⓫
```
    6  7
 −  5  0
```

⓬
```
    7  2
 −  3  0
```

⓭
```
    7  5
 −  5  0
```

⓮
```
    7  8
 −  4  0
```

⓯
```
    8  6
 −  5  0
```

⓰
```
    8  7
 −  2  0
```

⓱
```
    9  3
 −  3  0
```

⓲
```
    9  4
 −  8  0
```

❶ 11−10＝

㉖ 54−10＝

㉝ 79−60＝

⓴ 25−20＝

㉗ 59−30＝

㉞ 82−30＝

㉑ 34−10＝

㉘ 63−40＝

㉟ 83−60＝

㉒ 36−20＝

㉙ 66−30＝

㊱ 86−70＝

㉓ 42−30＝

㉚ 69−10＝

㊲ 95−50＝

㉔ 47−20＝

㉛ 73−20＝

㊳ 98−60＝

㉕ 51−40＝

㉜ 76−40＝

㊴ 99−90＝

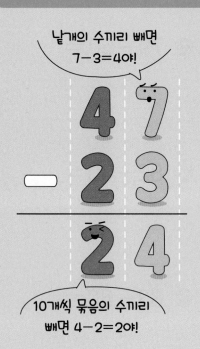

낱개의 수끼리 빼면
7−3=4야!

10개씩 묶음의 수끼리
빼면 4−2=2야!

● 받아내림이 없는
(몇십몇)−(몇십몇)

낱개의 수끼리 뺀 다음 10개씩
묶음의 수끼리 뺍니다.

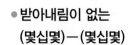

일의 자리의 계산
4 7
− 2 3
4
7−3=4

⇩

십의 자리의 계산
4 7
− 2 3
2 4
4−2=2

○ 뺄셈을 해 보시오.

❶
```
    2  1
 −  1  1
```

❷
```
    3  4
 −  2  2
```

❸
```
    4  6
 −  1  3
```

❹
```
    5  5
 −  2  4
```

❺
```
    5  6
 −  3  4
```

❻
```
    6  4
 −  3  2
```

❼
```
    6  7
 −  1  5
```

❽
```
    7  8
 −  4  2
```

❾
```
    8  9
 −  3  6
```

❿
```
    9  6
 −  2  5
```

❶❶ $29-14=$

❶❷ $37-15=$

❶❸ $44-23=$

❶❹ $52-31=$

❶❺ $65-22=$

❶❻ $68-54=$

❶❼ $74-23=$

❶❽ $79-36=$

❶❾ $82-41=$

❷⓿ $87-65=$

❷❶ $95-42=$

❷❷ $99-71=$

○ 뺄셈을 해 보시오.

❶
```
    2 5
  − 1 4
```

❷
```
    3 6
  − 1 2
```

❸
```
    3 9
  − 2 3
```

❹
```
    4 2
  − 1 1
```

❺
```
    4 5
  − 2 2
```

❻
```
    4 7
  − 3 5
```

❼
```
    5 4
  − 2 1
```

❽
```
    5 5
  − 3 4
```

❾
```
    5 9
  − 4 6
```

❿
```
    6 6
  − 1 1
```

⓫
```
    6 8
  − 2 7
```

⓬
```
    6 9
  − 5 4
```

⓭
```
    7 5
  − 3 2
```

⓮
```
    7 6
  − 4 4
```

⓯
```
    8 6
  − 4 3
```

⓰
```
    8 7
  − 5 3
```

⓱
```
    9 3
  − 3 1
```

⓲
```
    9 4
  − 7 2
```

⑲ 15－12＝

⑳ 24－13＝

㉑ 37－24＝

㉒ 38－16＝

㉓ 43－22＝

㉔ 46－32＝

㉕ 48－16＝

㉖ 55－21＝

㉗ 56－31＝

㉘ 59－16＝

㉙ 64－23＝

㉚ 67－45＝

㉛ 69－19＝

㉜ 72－12＝

㉝ 76－55＝

㉞ 78－65＝

㉟ 82－31＝

㊱ 86－24＝

㊲ 88－72＝

㊳ 97－62＝

㊴ 99－26＝

○ 빈칸에 알맞은 수를 써넣으시오.

❶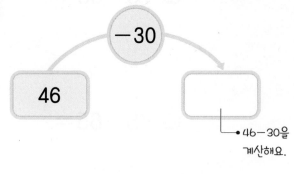

46 ─ (−30) →

•46−30을
계산해요.

❷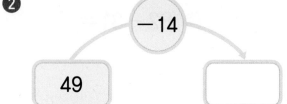

49 ─ (−14) →

❸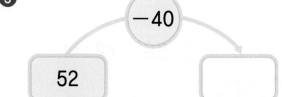

52 ─ (−40) →

❹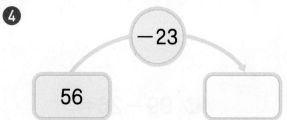

56 ─ (−23) →

❺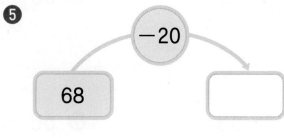

68 ─ (−20) →

❻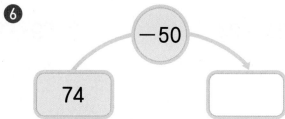

74 ─ (−50) →

❼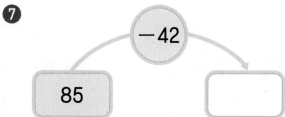

85 ─ (−42) →

❽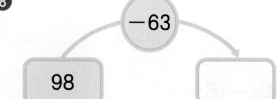

98 ─ (−63) →

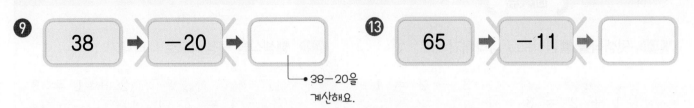

❾ 38 ➡ −20 ➡ ⬜

┗• 38−20을
계산해요.

❿ 48 ➡ −26 ➡ ⬜

⓫ 56 ➡ −32 ➡ ⬜

⓬ 58 ➡ −30 ➡ ⬜

⓭ 65 ➡ −11 ➡ ⬜

⓮ 73 ➡ −10 ➡ ⬜

⓯ 88 ➡ −54 ➡ ⬜

⓰ 96 ➡ −40 ➡ ⬜

문장제 속 연산

⓱ 상자 안에 사탕이 26개 있었습니다. 그중에서 15개를 먹었습니다. 상자 안에 남아 있는 사탕은 몇 개인지 구해 보시오.

⬜ − ⬜ = ⬜ (개)

상자 안에 있었던   먹은   상자 안에 남아 있는
사탕의 수   사탕의 수   사탕의 수

원리 덧셈식을 뺄셈식으로 나타내기

$$1 + 2 = 3 \Rightarrow \begin{bmatrix} 3 - 2 = 1 \\ 3 - 1 = 2 \end{bmatrix}$$

적용 덧셈식의 어떤 수(□) 구하기

· □$+10=40 \longrightarrow$ □$=40-10=30$

· $30+$□$=40 \longrightarrow$ □$=40-30=10$

원리 뺄셈식을 덧셈식으로 나타내기

$$3 - 1 = 2 \Rightarrow \begin{bmatrix} 2 + 1 = 3 \\ 1 + 2 = 3 \end{bmatrix}$$

적용 뺄셈식의 어떤 수(□) 구하기

· □$-50=20 \longrightarrow$ □$=20+50=70$

· $70-$□$=20 \longrightarrow$ □$+20=70$

$\Rightarrow$ □$=70-20$

$=50$

○ 어떤 수(□)를 구하려고 합니다. □ 안에 알맞은 수를 써넣으시오.

❶ □$+4=24$

$24-4=$

❷ □$+2=37$

$37-2=$

❸ □$+20=60$

$60-20=$

❹ □$-5=22$

$22+5=$

❺ □$-30=30$

$30+30=$

❻ □$-12=40$

$40+12=$

❼ 5+□=35

     35−5=□

❽ 6+□−67

     67−6=□

❾ 30+□=70

     70−30=□

❿ 46+□=58

     58−46=□

⓫ 53+□=84

     84−53=□

⓬ 37−□=33

     37−33=□

⓭ 75−□=72

     75−72=□

⓮ 80−□=20

     80−20=□

⓯ 82−□=60

     82−60=□

⓰ 94−□=41

     94−41=□

○ 덧셈을 해 보시오.

1
```
   3 0
+    2
-------
```

2
```
     5
+  4 0
-------
```

3
```
   5 4
+    3
-------
```

4
```
     6
+  4 2
-------
```

5
```
   6 0
+  3 0
-------
```

6
```
   3 2
+  4 7
-------
```

○ 뺄셈을 해 보시오.

7
```
   4 5
-    2
-------
```

8
```
   6 7
-    4
-------
```

9
```
   4 0
-  1 0
-------
```

10
```
   8 0
-  5 0
-------
```

11
```
   7 4
-  3 0
-------
```

12
```
   6 9
-  2 6
-------
```

○ 덧셈을 해 보시오.

13 50＋3＝

14 2＋34＝

15 30＋40＝

16 83＋15＝

○ 뺄셈을 해 보시오.

17 55－1＝

18 60－40＝

19 76－20＝

20 98－56＝

○ 빈칸에 알맞은 수를 써넣으시오.

21
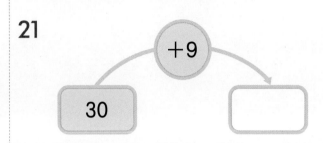

22
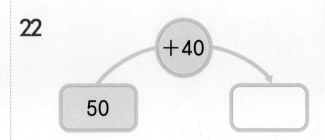

23
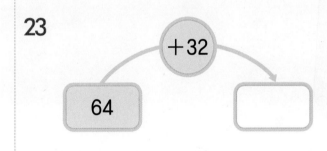

24
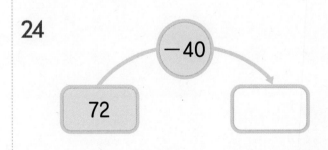

25
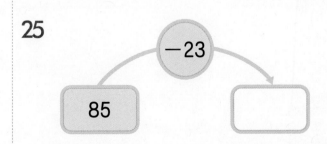

6단원의 연산 실력을 보충하고 싶다면 클리닉 북 27~34쪽을 풀어 보세요.

memo 슥삭! 슥삭!

연산 능력 강화

기초력 완성

개념 기억력 강화

memo 슥삭!
슥삭!

연산 능력 강화

개념 기억력 강화

기초력 완성

개념➕연산

클리닉 북

「메인 북」에서 단원별 평가 후 부족한 연산력은 「클리닉 북」에서 보완합니다.

차례 1-2

ABOVE IMAGINATION

우리는 남다른 상상과 혁신으로
교육 문화의 새로운 전형을 만들어
모든 이의 행복한 경험과 성장에 기여한다

1 몇십

정답 · 24쪽

○ ☐ 안에 알맞은 수를 써넣으시오.

1 10개씩 묶음 6개는 ☐ 입니다.

2 10개씩 묶음 8개는 ☐ 입니다.

3 10개씩 묶음 ☐ 개는 70입니다.

4 10개씩 묶음 ☐ 개는 90입니다.

○ 수를 세어 쓰고, 그 수를 바르게 읽은 것에 ○표 하시오.

5

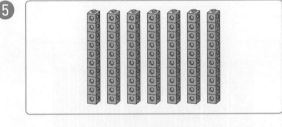

☐

⇨ (팔십 , 일흔)

6

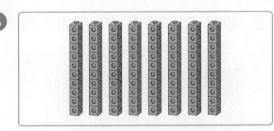

☐

⇨ (칠십 , 여든)

7

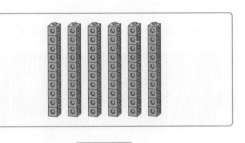

☐

⇨ (육십 , 아흔)

8

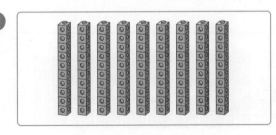

☐

⇨ (구십 , 예순)

② 99까지의 수

정답 • 24쪽

○ ☐ 안에 알맞은 수를 써넣으시오.

①

10개씩 묶음	낱개
5	4

➡ ☐

②

10개씩 묶음	낱개
6	2

➡ ☐

③

10개씩 묶음	낱개
7	9

➡ ☐

④

10개씩 묶음	낱개
9	8

➡ ☐

○ 수를 세어 쓰고, 그 수를 바르게 읽은 것에 ◯표 하시오.

⑤
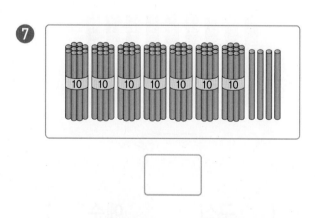

☐

➾ (육십오 , 예순넷)

⑥
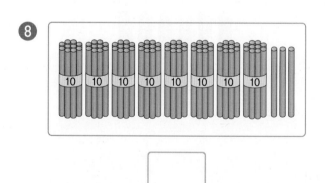

☐

➾ (육십팔 , 쉰여덟)

⑦

☐

➾ (칠십넷 , 일흔넷)

⑧

☐

➾ (팔십삼 , 여든삼)

3 **100까지의 수의 순서** 정답·24쪽

○ 빈칸에 알맞은 수를 써넣으시오.

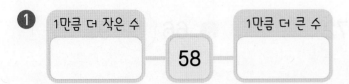

❶ 1만큼 더 작은 수 [ ] 58 1만큼 더 큰 수 [ ]

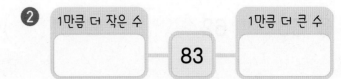

❷ 1만큼 더 작은 수 [ ] 83 1만큼 더 큰 수 [ ]

❸ 1만큼 더 작은 수 [ ] 90 1만큼 더 큰 수 [ ]

❹ 1만큼 더 작은 수 [ ] 74 1만큼 더 큰 수 [ ]

○ 수의 순서에 맞게 빈칸에 알맞은 수를 써넣으시오.

❺ 63 64 [ ] 66 [ ]

❻ 74 [ ] [ ] 77 78

❼ 86 87 [ ] 89 [ ]

❽ 96 [ ] 98 [ ] 100

4 100까지의 수의 크기 비교

정답 · 24쪽

○ 두 수의 크기를 비교하여 ◯ 안에 >, <를 알맞게 써넣으시오.

❶ 56 ◯ 62

❷ 81 ◯ 72

❸ 66 ◯ 91

❹ 75 ◯ 83

❺ 84 ◯ 59

❻ 86 ◯ 84

❼ 57 ◯ 53

❽ 73 ◯ 76

❾ 97 ◯ 95

○ 가장 큰 수에 ◯표, 가장 작은 수에 △표 하시오.

❿
62　　73　　58

⓫
94　　86　　79

⓬
67　　85　　92

⓭
79　　66　　87

⓮
76　　64　　69

⓯
85　　82　　93

⓰
95　　90　　98

⓱
77　　76　　75

5 짝수와 홀수

정답 · 24쪽

○ 짝수이면 ○표, 홀수이면 △표 하시오.

① 7

( )

② 25

( )

③ 46

( )

④ 11

( )

⑤ 28

( )

⑥ 49

( )

⑦ 16

( )

⑧ 33

( )

⑨ 54

( )

⑩ 19

( )

⑪ 34

( )

⑫ 65

( )

⑬ 22

( )

⑭ 37

( )

⑮ 78

( )

⑯ 24

( )

⑰ 41

( )

⑱ 93

( )

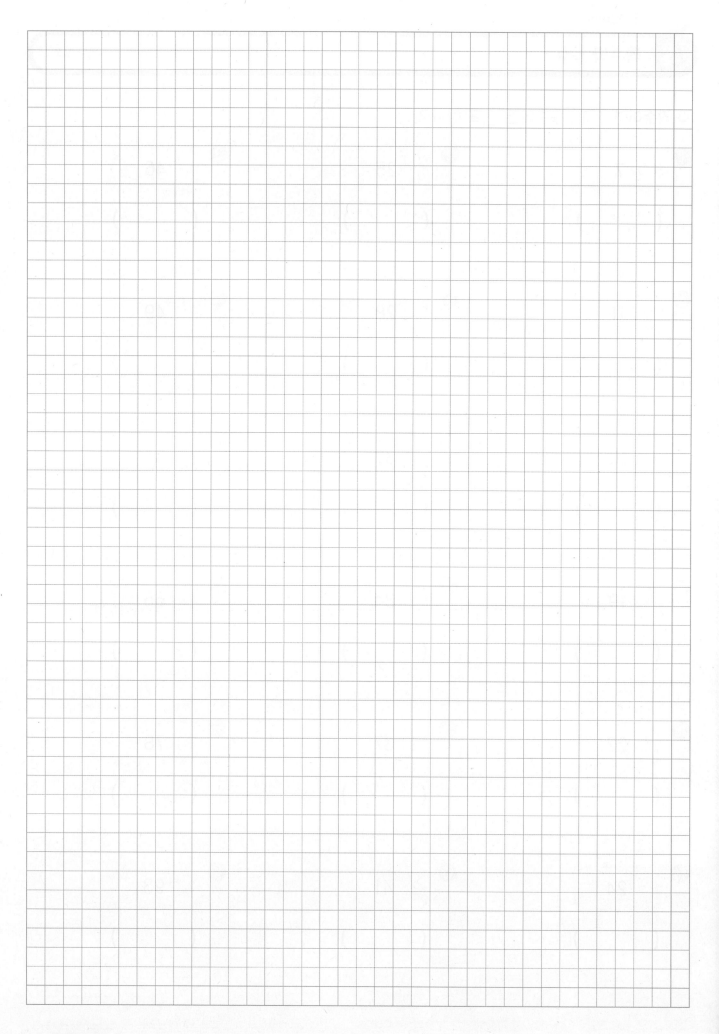

1 세 수의 덧셈

정답 · 24쪽

○ 계산해 보시오.

❶ 1+5+2= ☐
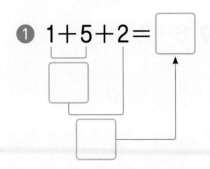

❷ 2+1+3= ☐
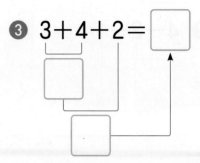

❸ 3+4+2= ☐

❹ 4+2+1= ☐

❺ 5+1+2= ☐

❻ 6+2+1= ☐
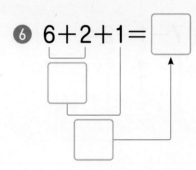

❼ 1+2+3=

❽ 2+2+2=

❾ 2+3+4=

❿ 3+2+1=

⓫ 3+3+2=

⓬ 3+4+1=

⓭ 4+1+2=

⓮ 4+2+3=

⓯ 4+3+1=

⓰ 5+1+1=

⓱ 5+2+2=

⓲ 6+1+1=

2 세 수의 뺄셈

정답 • 24쪽

○ 계산해 보시오.

① 4−2−1=☐

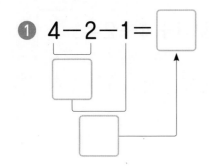

② 5−1−3=☐

③ 6−2−2=☐

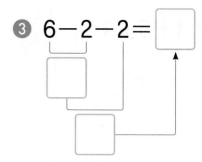

④ 7−1−2=☐

⑤ 8−2−3=☐

⑥ 9−3−4=☐

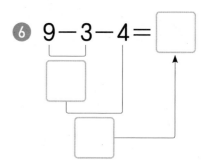

⑦ 3−1−1=

⑧ 4−3−1=

⑨ 5−3−2=

⑩ 6−2−3=

⑪ 6−4−1=

⑫ 7−2−3=

⑬ 7−3−1=

⑭ 8−2−1=

⑮ 8−4−2=

⑯ 8−6−1=

⑰ 9−4−3=

⑱ 9−6−2=

③ 10이 되는 더하기

정답 • 24쪽

o 그림을 보고 10이 되는 더하기를 해 보시오.

①

$4+\boxed{}=10$

②

$5+\boxed{}=10$

③

$8+\boxed{}=10$

④

$9+\boxed{}=10$

o ☐ 안에 알맞은 수를 써넣으시오.

⑤ $2+\boxed{}=10$　　**⑥** $3+\boxed{}=10$　　**⑦** $6+\boxed{}=10$

⑧ $\boxed{}+9=10$　　**⑨** $\boxed{}+8=10$　　**⑩** $\boxed{}+7=10$

⑪ $\boxed{}+6=10$　　**⑫** $\boxed{}+5=10$　　**⑬** $\boxed{}+4=10$

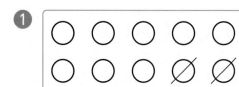

4   **10에서 빼기**

정답 • 25쪽

○ 그림을 보고 10에서 빼기를 해 보시오.

❶
$$10-2=\boxed{}$$

❷
$$10-3=\boxed{}$$

❸
$$10-4=\boxed{}$$

❹
$$10-5=\boxed{}$$

○ ☐ 안에 알맞은 수를 써넣으시오.

❺ $10-5=\boxed{}$ ❻ $10-3=\boxed{}$ ❼ $10-8=\boxed{}$

❽ $10-2=\boxed{}$ ❾ $10-1=\boxed{}$ ❿ $10-6=\boxed{}$

⓫ $10-7=\boxed{}$ ⓬ $10-4=\boxed{}$ ⓭ $10-9=\boxed{}$

5 **10을 만들어 세 수 더하기**

정답 · 25쪽

○ 계산해 보시오.

❶ 2+8+3= ⬜
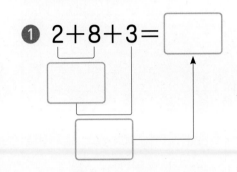

❷ 4+3+7= ⬜
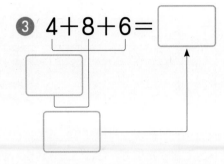

❸ 4+8+6= ⬜

❹ 5+5+7= ⬜

❺ 6+5+5= ⬜

❻ 7+5+3= ⬜
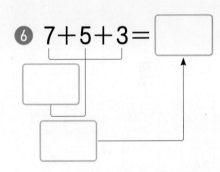

❼ 1+9+4=

❽ 5+2+8=

❾ 1+4+9=

❿ 2+8+5=

⓫ 3+5+5=

⓬ 4+7+6=

⓭ 3+7+2=

⓮ 7+6+4=

⓯ 5+8+5=

⓰ 4+6+3=

⓱ 9+7+3=

⓲ 8+6+2=

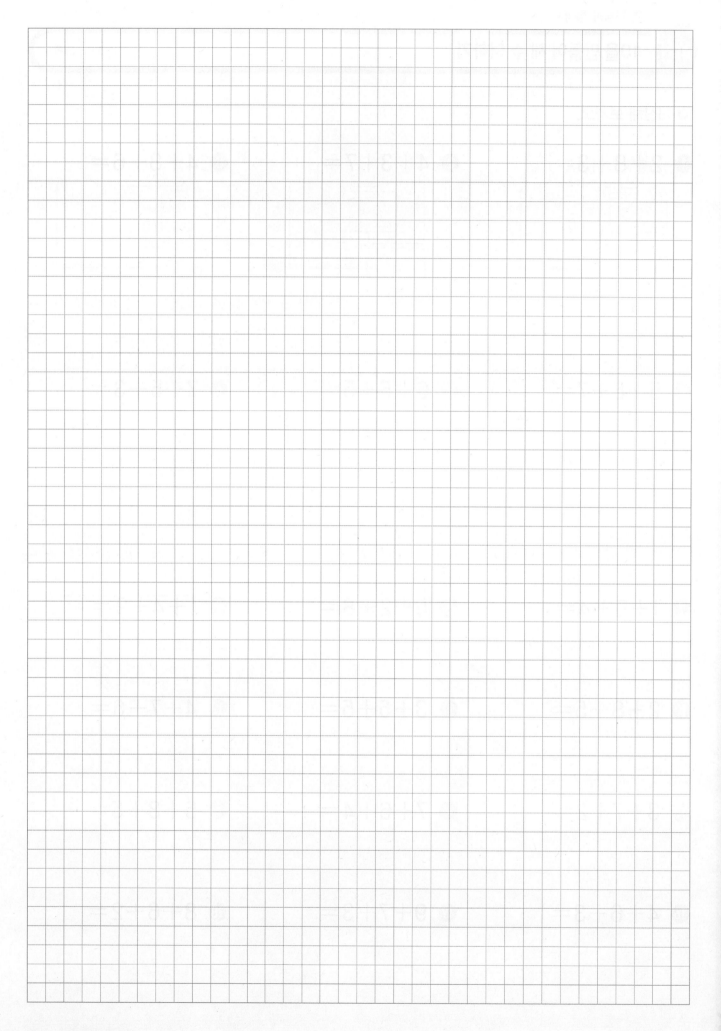

1 여러 가지 모양 찾기

정답 • 25쪽

○ 모양에는 □표, 모양에는 △표, 모양에는 ○표 하시오.

1

(   )

2

(   )

3

(   )

4

(   )

5

(   )

6

(   )

7

(   )

8

(   )

9

(   )

10

(   )

11

(   )

12

(   )

13

(   )

14

(   )

15

(   )

2 여러 가지 모양 알아보기

정답 • 25쪽

○ 그려진 모양이 ⬛ 모양이면 ☐표, 🔺 모양이면 △표, ⚫ 모양이면 ◯표 하시오.

1

(   )

2

(   )

3

(   )

4

(   )

5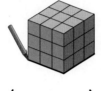

(   )

6

(   )

7

(   )

8

(   )

9

(   )

10

(   )

11

(   )

12

(   )

13

(   )

14

(   )

15

(   )

3 여러 가지 모양 꾸미기

정답 • 25쪽

○ 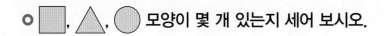 모양이 몇 개 있는지 세어 보시오.

1

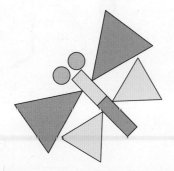

⬛ 모양	🔺 모양	⚫ 모양

2

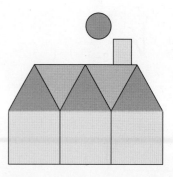

⬛ 모양	🔺 모양	⚫ 모양

3

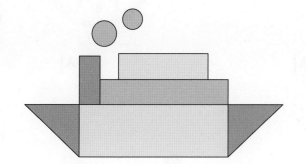

⬛ 모양	🔺 모양	⚫ 모양

4

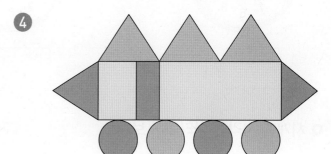

⬛ 모양	🔺 모양	⚫ 모양

5

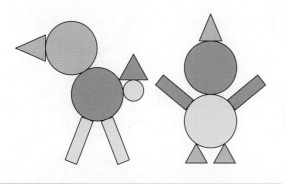

⬛ 모양	🔺 모양	⚫ 모양

6

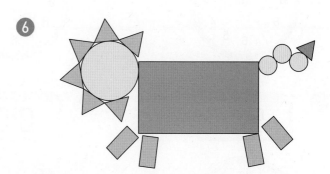

⬛ 모양	🔺 모양	⚫ 모양

4 몇 시

정답 · 25쪽

○ 시각을 써 보시오.

1

[ ] 시

2

[ ] 시

3

[ ] 시

4

[ ] 시

5

[ ] 시

6

[ ] 시

○ 시계에 시각을 나타내어 보시오.

7 2시

8 6시

9 9시

10  5:00

11 8:00

12 10:00

5 몇 시 30분

정답 · 25쪽

○ 시각을 써 보시오.

❶

☐ 시 ☐ 분

❷

☐ 시 ☐ 분

❸

☐ 시 ☐ 분

❹

☐ 시 ☐ 분

❺

☐ 시 ☐ 분

❻

☐ 시 ☐ 분

○ 시계에 시각을 나타내어 보시오.

❼ 3시 30분

❽ 6시 30분

❾ 9시 30분

❿

⓫

⓬

1 받아올림이 있는 (몇) + (몇) (1)

정답 · 25쪽

○ 계산해 보시오.

① $9 + 5 = \boxed{}$
　　　$\boxed{}$　4

② $9 + 8 = \boxed{}$
　　　$\boxed{}$　7

③ $8 + 4 = \boxed{}$
　　　$\boxed{}$　2

④ $7 + 4 = \boxed{}$
　　　$\boxed{}$ $\boxed{}$

⑤ $7 + 6 = \boxed{}$
　　　$\boxed{}$ $\boxed{}$

⑥ $6 + 5 = \boxed{}$
　　　$\boxed{}$ $\boxed{}$

⑦ $9 + 2 =$

⑧ $9 + 4 =$

⑨ $9 + 6 =$

⑩ $9 + 9 =$

⑪ $8 + 3 =$

⑫ $8 + 5 =$

⑬ $8 + 6 =$

⑭ $8 + 7 =$

⑮ $8 + 8 =$

⑯ $7 + 5 =$

⑰ $7 + 7 =$

⑱ $6 + 6 =$

② 받아올림이 있는 (몇) + (몇) (2)

○ 계산해 보시오.

❶ 3+9= ☐
    2 ☐

❷ 4+9= ☐
    3 ☐

❸ 6+9= ☐
    5 ☐

❹ 3+8= ☐
    ☐ ☐

❺ 5+7= ☐
    ☐ ☐

❻ 6+7= ☐
    ☐ ☐

❼ 2+9=

❽ 5+9=

❾ 7+9=

❿ 8+9=

⑪ 9+9=

⑫ 4+8=

⑬ 5+8=

⑭ 6+8=

⑮ 7+8=

⑯ 4+7=

⑰ 7+7=

⑱ 5+6=

3 받아내림이 있는 (십몇) − (몇) (1)

정답 · 26쪽

○ 계산해 보시오.

① $12 - 3 = \boxed{}$
$\boxed{}\quad 1$

② $13 - 6 = \boxed{}$
$\boxed{}\quad 3$

③ $14 - 5 = \boxed{}$
$\boxed{}\quad 1$

④ $15 - 6 = \boxed{}$
$\boxed{}\quad 1$

⑤ $16 - 8 = \boxed{}$
$\boxed{}\quad 2$

⑥ $17 - 9 = \boxed{}$
$\boxed{}\quad 2$

⑦ $11 - 5 =$

⑧ $12 - 4 =$

⑨ $13 - 4 =$

⑩ $13 - 9 =$

⑪ $14 - 6 =$

⑫ $14 - 7 =$

⑬ $15 - 8 =$

⑭ $15 - 9 =$

⑮ $16 - 7 =$

⑯ $16 - 9 =$

⑰ $17 - 8 =$

⑱ $18 - 9 =$

4 받아내림이 있는 (십몇) − (몇) (2)

정답 • 26쪽

○ 계산해 보시오.

❶ 11−4= ☐
10 ☐

❷ 12−5= ☐
10 ☐

❸ 13−7= ☐
10 ☐

❹ 14−8= ☐
10 ☐

❺ 15−7= ☐
10 ☐

❻ 16−7= ☐
10 ☐

❼ 11−2=

❽ 11−3=

❾ 11−6=

❿ 12−6=

⓫ 12−7=

⓬ 12−9=

⓭ 13−5=

⓮ 13−6=

⓯ 14−9=

⓰ 15−8=

⓱ 16−8=

⓲ 17−9=

규칙 찾기

정답 · 26쪽

○ 규칙에 따라 빈칸에 알맞은 모양을 그려 보시오.

❶

❷

❸

○ 규칙을 찾아 ☐ 안에 알맞은 말을 써넣으시오.

❹

가위, ☐ 이 반복됩니다.

❺

우유, ☐ , 빵이 반복됩니다.

2 규칙 만들기

정답 · 26쪽

○ 규칙에 따라 만든 것에 ◯표 하시오.

1 규칙 농구공, 축구공이 반복됩니다.

 (   )

(   )

2 규칙 지우개, 지우개, 연필이 반복됩니다.

 (   )

(   )

3 규칙 땅콩, 밤, 밤이 반복됩니다.

(   )

(   )

3 수 배열, 수 배열표에서 규칙 찾기

정답 · 26쪽

○ 규칙에 따라 빈칸에 알맞은 수를 써넣으시오.

① 2 — 5 — 2 — 5 — 2 — 5 — ☐ — ☐

② 1 — 3 — 5 — 7 — 9 — ☐ — ☐ — 15

③ 40 — 35 — 30 — 25 — 20 — ☐ — ☐ — ☐

○ 규칙에 따라 색칠해 보시오.

④

11	12	13	14	15	16	17	18	19	20
21	22	23	24	25	26	27	28	29	30
31	32	33	34	35	36	37	38	39	40

⑤

61	62	63	64	65	66	67	68	69	70
71	72	73	74	75	76	77	78	79	80
81	82	83	84	85	86	87	88	89	90

4 규칙을 여러 가지 방법으로 나타내기

정답 • 26쪽

◦ 규칙에 따라 빈칸에 알맞은 모양이나 수를 넣으시오.

①

△	○	△	○	△	○		

②

□	○	○	□	○	○		

③

0	2	0	2	0	2		

④

2	5	5	2	5				5

받아올림이 없는 (몇십) + (몇), (몇) + (몇십)

정답 · 26쪽

○ 덧셈을 해 보시오.

❶
```
  1 0
+   4
```

❷
```
  3 0
+   6
```

❸
```
  5 0
+   8
```

❹
```
  6 0
+   3
```

❺
```
  8 0
+   2
```

❻
```
  9 0
+   7
```

❼
```
    5
+ 7 0
```

❽
```
    6
+ 4 0
```

❾
```
    8
+ 2 0
```

❿ 20+3＝

⓫ 30+8＝

⓬ 40+6＝

⓭ 50+2＝

⓮ 70+6＝

⓯ 80+7＝

⓰ 5+90＝

⓱ 8+60＝

⓲ 9+10＝

2 받아올림이 없는 (몇십몇) + (몇), (몇) + (몇십몇)

정답 · 27쪽

◯ 덧셈을 해 보시오.

❶
$$\begin{array}{r} 2\ 3 \\ +\quad 4 \\ \hline \end{array}$$

❷
$$\begin{array}{r} 3\ 5 \\ +\quad 2 \\ \hline \end{array}$$

❸
$$\begin{array}{r} 4\ 1 \\ +\quad 6 \\ \hline \end{array}$$

❹
$$\begin{array}{r} 5\ 4 \\ +\quad 2 \\ \hline \end{array}$$

❺
$$\begin{array}{r} 6\ 5 \\ +\quad 4 \\ \hline \end{array}$$

❻
$$\begin{array}{r} 7\ 3 \\ +\quad 2 \\ \hline \end{array}$$

❼
$$\begin{array}{r} 5 \\ +\ 9\ 4 \\ \hline \end{array}$$

❽
$$\begin{array}{r} 6 \\ +\ 4\ 3 \\ \hline \end{array}$$

❾
$$\begin{array}{r} 7 \\ +\ 1\ 2 \\ \hline \end{array}$$

❿ 16+3=

⓫ 34+3=

⓬ 42+7=

⓭ 64+4=

⓮ 83+3=

⓯ 91+6=

⓰ 3+52=

⓱ 4+31=

⓲ 5+74=

3 **받아올림이 없는 (몇십) + (몇십)**

정답 · 27쪽

○ 덧셈을 해 보시오.

❶
```
    1 0
  + 2 0
```

❷
```
    2 0
  + 3 0
```

❸
```
    2 0
  + 4 0
```

❹
```
    3 0
  + 1 0
```

❺
```
    3 0
  + 5 0
```

❻
```
    4 0
  + 1 0
```

❼
```
    4 0
  + 2 0
```

❽
```
    5 0
  + 2 0
```

❾
```
    6 0
  + 2 0
```

❿ 10 + 50 =

⓫ 20 + 70 =

⓬ 30 + 40 =

⓭ 40 + 30 =

⓮ 40 + 40 =

⓯ 50 + 10 =

⓰ 50 + 30 =

⓱ 60 + 30 =

⓲ 70 + 10 =

4 받아올림이 없는 (몇십몇) + (몇십몇)

정답 • 27쪽

○ 덧셈을 해 보시오.

①
```
    1 6
 +  2 2
```

②
```
    2 5
 +  3 1
```

③
```
    3 6
 +  4 2
```

④
```
    4 2
 +  1 3
```

⑤
```
    5 1
 +  2 4
```

⑥
```
    6 2
 +  2 5
```

⑦
```
    6 3
 +  3 4
```

⑧
```
    7 4
 +  1 5
```

⑨
```
    8 3
 +  1 2
```

⑩ $26+31=$

⑪ $32+17=$

⑫ $35+53=$

⑬ $45+24=$

⑭ $54+23=$

⑮ $56+43=$

⑯ $62+25=$

⑰ $71+18=$

⑱ $82+16=$

5 받아내림이 없는 (몇십몇)－(몇)

정답 • 27쪽

○ 뺄셈을 해 보시오.

❶ $\begin{array}{r} 15 \\ -\ \ 3 \\ \hline \end{array}$

❷ $\begin{array}{r} 26 \\ -\ \ 2 \\ \hline \end{array}$

❸ $\begin{array}{r} 38 \\ -\ \ 4 \\ \hline \end{array}$

❹ $\begin{array}{r} 47 \\ -\ \ 5 \\ \hline \end{array}$

❺ $\begin{array}{r} 58 \\ -\ \ 6 \\ \hline \end{array}$

❻ $\begin{array}{r} 63 \\ -\ \ 2 \\ \hline \end{array}$

❼ $\begin{array}{r} 75 \\ -\ \ 2 \\ \hline \end{array}$

❽ $\begin{array}{r} 89 \\ -\ \ 7 \\ \hline \end{array}$

❾ $\begin{array}{r} 96 \\ -\ \ 4 \\ \hline \end{array}$

❿ 26－5＝

⓫ 35－3＝

⓬ 49－6＝

⓭ 54－3＝

⓮ 65－4＝

⓯ 76－3＝

⓰ 77－4＝

⓱ 86－2＝

⓲ 98－7＝

6 **받아내림이 없는 (몇십) − (몇십)**

정답 · 27쪽

○ 뺄셈을 해 보시오.

❶
```
    3 0
 −  2 0
 ───────
```

❷
```
    4 0
 −  1 0
 ───────
```

❸
```
    5 0
 −  1 0
 ───────
```

❹
```
    5 0
 −  3 0
 ───────
```

❺
```
    6 0
 −  2 0
 ───────
```

❻
```
    7 0
 −  4 0
 ───────
```

❼
```
    8 0
 −  5 0
 ───────
```

❽
```
    8 0
 −  7 0
 ───────
```

❾
```
    9 0
 −  6 0
 ───────
```

❿ 30−10=

⓫ 40−20=

⓬ 50−20=

⓭ 50−40=

⓮ 60−30=

⓯ 70−30=

⓰ 80−10=

⓱ 80−40=

⓲ 90−50=

7 **받아내림이 없는 (몇십몇) − (몇십)**

정답 • 27쪽

○ 뺄셈을 해 보시오.

①
```
   2 6
 − 1 0
```

②
```
   4 7
 − 1 0
```

③
```
   5 1
 − 3 0
```

④
```
   5 3
 − 4 0
```

⑤
```
   6 4
 − 3 0
```

⑥
```
   7 6
 − 3 0
```

⑦
```
   7 8
 − 5 0
```

⑧
```
   8 2
 − 4 0
```

⑨
```
   9 5
 − 7 0
```

⑩ $33 - 20 =$

⑪ $47 - 20 =$

⑫ $59 - 10 =$

⑬ $65 - 40 =$

⑭ $72 - 30 =$

⑮ $74 - 20 =$

⑯ $81 - 50 =$

⑰ $84 - 60 =$

⑱ $96 - 40 =$

8 받아내림이 없는 (몇십몇) − (몇십몇)

정답 · 27쪽

○ 뺄셈을 해 보시오.

❶
```
    3 6
  − 1 2
```

❷
```
    4 2
  − 2 1
```

❸
```
    5 4
  − 2 3
```

❹
```
    6 5
  − 3 4
```

❺
```
    6 9
  − 1 5
```

❻
```
    7 5
  − 3 3
```

❼
```
    7 6
  − 4 2
```

❽
```
    8 7
  − 2 4
```

❾
```
    9 8
  − 5 6
```

❿ 26−14=

⓫ 37−15=

⓬ 45−21=

⓭ 57−26=

⓮ 58−16=

⓯ 78−45=

⓰ 84−42=

⓱ 89−34=

⓲ 96−65=

정답

정답 QR 코드

개념 ＋ 연산

PLUS

초등수학
1 / 2

📖 **책 속의 가접 별책** (특허 제 0557442호)

정답'은 메인 북에서 쉽게 분리할 수 있도록 제작되었으므로
유통 과정에서 분리될 수 있으나 파본이 아닌 정상 제품입니다.

ABOVE IMAGINATION

우리는 남다른 상상과 혁신으로
교육 문화의 새로운 전형을 만들어
모든 이의 행복한 경험과 성장에 기여한다

개념╋연산

정답

초등수학

1·2

1. 100까지의 수

① 몇십

1일차

8쪽

❶ 60
❷ 80
❸ 70
❹ 90

9쪽

❺ 육십
❻ 일흔
❼ 여든
❽ 구십

❾ 팔십
❿ 칠십
⓫ 아흔
⓬ 예순

2일차

10쪽

❶ 80
❷ 70
❸ 60
❹ 90

❺ 6
❻ 8
❼ 9
❽ 7

11쪽

❾ 70 / 칠십
❿ 60 / 예순
⓫ 90 / 아흔
⓬ 80 / 팔십

② 99까지의 수

3일차

12쪽

❶ 7, 6 / 76
❷ 8, 3 / 83
❸ 9, 4 / 94

13쪽

❹ 예순아홉
❺ 일흔셋
❻ 팔십일
❼ 육십칠
❽ 아흔여덟

❾ 칠십팔
❿ 구십오
⓫ 여든여섯
⓬ 일흔일곱
⓭ 여든넷

4일차

14쪽

❶ 65
❷ 89
❸ 74
❹ 91
❺ 87

❻ 66
❼ 93
❽ 69
❾ 86
❿ 95

15쪽

⓫ 63 / 육십삼
⓬ 76 / 일흔여섯
⓭ 85 / 팔십오

⓮ 72 / 칠십이
⓯ 94 / 구십사
⓰ 88 / 여든여덟

③ 100까지의 수의 순서

16쪽

❶ 51, 53
❷ 66, 68
❸ 78, 80
❹ 82, 84
❺ 94, 96

17쪽

❻ 53, 56
❼ 72, 73
❽ 85, 87
❾ 68, 70
❿ 94, 97
⓫ 60, 61

⓬ 66, 68
⓭ 96, 98
⓮ 74, 77
⓯ 64, 65
⓰ 98, 100
⓱ 88, 90

18쪽

❶ 62, 64
❷ 69, 71
❸ 54, 56
❹ 95, 97
❺ 71, 73

❻ 87, 89
❼ 68, 70
❽ 90, 92
❾ 73, 75
❿ 86, 88

19쪽

⓫ 54, 56
⓬ 65, 67
⓭ 85, 86
⓮ 77, 78, 80
⓯ 88, 90, 91
⓰ 97, 99, 100

④ 100까지의 수의 크기 비교

20쪽

❶ < / 작습니다 / 큽니다
❷ > / 큽니다 / 작습니다
❸ < / 작습니다 / 큽니다

21쪽

❹ >
❺ >
❻ <
❼ <
❽ >
❾ <
❿ <

⓫ <
⓬ >
⓭ <
⓮ >
⓯ <
⓰ >
⓱ <

⓲ <
⓳ <
⓴ <
㉑ >
㉒ >
㉓ <
㉔ <

22쪽

❶ <
❷ <
❸ >
❹ >
❺ >
❻ <
❼ <

❽ <
❾ <
❿ >
⓫ <
⓬ >
⓭ >
⓮ <

⓯ >
⓰ <
⓱ >
⓲ <
⓳ >
⓴ <
㉑ >

23쪽

㉒ 72에 ○표, 54에 △표
㉓ 94에 ○표, 79에 △표
㉔ 84에 ○표, 56에 △표
㉕ 92에 ○표, 67에 △표
㉖ 80에 ○표, 59에 △표
㉗ 73에 ○표, 62에 △표
㉘ 96에 ○표, 83에 △표

㉙ 93에 ○표, 82에 △표
㉚ 97에 ○표, 54에 △표
㉛ 78에 ○표, 65에 △표
㉜ 57에 ○표, 52에 △표
㉝ 69에 ○표, 65에 △표
㉞ 95에 ○표, 92에 △표
㉟ 79에 ○표, 73에 △표

⑤ 짝수와 홀수

9일 차

24쪽

❶ / 짝수

❷ / 홀수

❸ / 홀수

❹ / 짝수

❺ / 짝수

25쪽

❻ △

❼ △

❽ ○

❾ ○

❿ △

⓫ △

⓬ △

⓭ ○

⓮ △

⓯ ○

⓰ ○

⓱ ○

⓲ ○

⓳ △

⓴ △

㉑ ○

㉒ △

㉓ ○

평가   **1. 100까지의 수**

10일 차

26쪽

1   60

2   75

3   82

4   칠십

5   육십팔

6   여든셋

7   56, 58

8   79, 81

9   93, 95

10   58, 60

11   73, 75

12   97, 100

27쪽

13   >

14   <

15   >

16   <

17   <

18   >

19   <

20   74에 ○표, 59에 △표

21   94에 ○표, 85에 △표

22   87에 ○표, 83에 △표

23   ○

24   △

25   ○

🔗 틀린 문제는 클리닉 북에서 보충할 수 있습니다.

1 1쪽	7 3쪽	13 4쪽	20 4쪽
2 2쪽	8 3쪽	14 4쪽	21 4쪽
3 2쪽	9 3쪽	15 4쪽	22 4쪽
4 1쪽	10 3쪽	16 4쪽	23 5쪽
5 2쪽	11 3쪽	17 4쪽	24 5쪽
6 2쪽	12 3쪽	18 4쪽	25 5쪽
		19 4쪽	

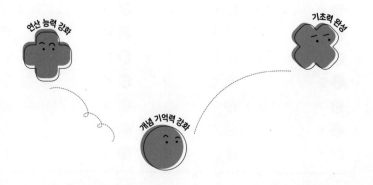

2. 덧셈과 뺄셈 (1)

① 세 수의 덧셈

30쪽 ❶정답을 계산 순서대로 확인합니다.

❶ 2, 5 / 5
❷ 3, 5 / 5
❸ 3, 6 / 6
❹ 4, 7 / 7

❺ 4, 8 / 8
❻ 5, 7 / 7
❼ 6, 7 / 7
❽ 6, 9 / 9

31쪽

❾ 3
❿ 6
⓫ 6
⓬ 8
⓭ 8
⓮ 7
⓯ 5

⓰ 8
⓱ 8
⓲ 7
⓳ 9
⓴ 8
㉑ 9
㉒ 7

㉓ 8
㉔ 9
㉕ 7
㉖ 8
㉗ 9
㉘ 8
㉙ 9

2일차

32쪽

❶ 7
❷ 7
❸ 6
❹ 7
❺ 8
❻ 7
❼ 9

❽ 7
❾ 9
❿ 9
⓫ 9
⓬ 4
⓭ 8
⓮ 8

⓯ 9
⓰ 6
⓱ 8
⓲ 7
⓳ 9
⓴ 9
㉑ 9

33쪽

㉒ 7
㉓ 8
㉔ 9
㉕ 6
㉖ 7
㉗ 8
㉘ 9

㉙ 8
㉚ 9
㉛ 6
㉜ 8
㉝ 9
㉞ 7
㉟ 9

㊱ 8
㊲ 9
㊳ 8
㊴ 9
㊵ 9
㊶ 9
㊷ 9

② 세 수의 뺄셈

3일차

34쪽 ❶정답을 계산 순서대로 확인합니다.

❶ 2, 1 / 1
❷ 3, 1 / 1
❸ 4, 1 / 1
❹ 5, 1 / 1

❺ 5, 4 / 4
❻ 4, 2 / 2
❼ 6, 3 / 3
❽ 6, 2 / 2

35쪽

❾ 1
❿ 1
⓫ 1
⓬ 3
⓭ 2
⓮ 1
⓯ 1

⓰ 4
⓱ 1
⓲ 1
⓳ 6
⓴ 1
㉑ 4
㉒ 3

㉓ 1
㉔ 1
㉕ 7
㉖ 1
㉗ 4
㉘ 2
㉙ 2

36쪽

❶ 0　　❽ 4　　⓯ 5
❷ 2　　❾ 3　　⓰ 3
❸ 2　　❿ 2　　⓱ 2
❹ 0　　⓫ 2　　⓲ 3
❺ 2　　⓬ 1　　⓳ 2
❻ 0　　⓭ 0　　⓴ 1
❼ 0　　⓮ 0　　㉑ 3

37쪽

㉒ 1　　㉙ 2　　㊱ 2
㉓ 1　　㉚ 2　　㊲ 3
㉔ 5　　㉛ 2　　㊳ 1
㉕ 5　　㉜ 6　　㊴ 0
㉖ 4　　㉝ 4　　㊵ 1
㉗ 2　　㉞ 3　　㊶ 0
㉘ 3　　㉟ 3　　㊷ 1

①~② 다르게 풀기

38쪽

❶ 8　　❺ 0
❷ 5　　❻ 3
❸ 7　　❼ 4
❹ 8　　❽ 2

39쪽

❾ 6　　⓭ 0
❿ 9　　⓮ 2
⓫ 6　　⓯ 1
⓬ 6　　⓰ 5
　　　　⓱ 9, 2, 3, 4

③ 10이 되는 더하기

40쪽

❶ 4
❷ 3
❸ 2
❹ 1

41쪽

❺ 5　　⓫ 6　　⓱ 8
❻ 1　　⓬ 8　　⓲ 6
❼ 4　　⓭ 7　　⓳ 2
❽ 7　　⓮ 3　　⓴ 9
❾ 9　　⓯ 1　　㉑ 3
❿ 4　　⓰ 5　　㉒ 2

42쪽

❶ 1, 9　　❺ 5, 5
❷ 2, 8　　❻ 6, 4
❸ 3, 7　　❼ 7, 3
❹ 4, 6　　❽ 8, 2

43쪽

❾ 6　　⓯ 1　　㉑ 7
❿ 1　　⓰ 3　　㉒ 8
⓫ 8　　⓱ 2　　㉓ 4
⓬ 5　　⓲ 2　　㉔ 9
⓭ 9　　⓳ 5　　㉕ 3
⓮ 7　　⓴ 4　　㉖ 6

④ 10에서 빼기

8일차

44쪽

❶ 8
❷ 7
❸ 6
❹ 5

45쪽

❺ 9
❻ 4
❼ 7
❽ 8
❾ 5
❿ 6

⓫ 4
⓬ 3
⓭ 2
⓮ 9
⓯ 6
⓰ 1

⓱ 8
⓲ 5
⓳ 3
⓴ 1
㉑ 7
㉒ 2

9일차

46쪽

❶ 1, 9
❷ 2, 8
❸ 3, 7
❹ 4, 6

❺ 5, 5
❻ 6, 4
❼ 7, 3
❽ 8, 2

47쪽

❾ 8
❿ 6
⓫ 7
⓬ 2
⓭ 9
⓮ 4

⓯ 5
⓰ 8
⓱ 6
⓲ 1
⓳ 3
⓴ 9

㉑ 7
㉒ 3
㉓ 1
㉔ 4
㉕ 2
㉖ 5

⑤ 10을 만들어 세 수 더하기

10일차

48쪽 ❗정답을 계산 순서대로 확인합니다.

❶ 10, 13 / 13
❷ 10, 14 / 14
❸ 10, 15 / 15
❹ 10, 17 / 17

❺ 10, 16 / 16
❻ 10, 15 / 15
❼ 10, 17 / 17
❽ 10, 16 / 16

49쪽

❾ 14
❿ 13
⓫ 12
⓬ 17
⓭ 16
⓮ 19
⓯ 18

⓰ 15
⓱ 16
⓲ 18
⓳ 17
⓴ 13
㉑ 12
㉒ 14

㉓ 15
㉔ 14
㉕ 16
㉖ 15
㉗ 18
㉘ 12
㉙ 15

11일차

50쪽

❶ 12
❷ 17
❸ 16
❹ 13
❺ 18
❻ 16
❼ 15

❽ 12
❾ 15
❿ 14
⓫ 18
⓬ 16
⓭ 13
⓮ 17

⓯ 13
⓰ 16
⓱ 14
⓲ 13
⓳ 12
⓴ 14
㉑ 15

51쪽

㉒ 17
㉓ 15
㉔ 19
㉕ 13
㉖ 16
㉗ 14
㉘ 18

㉙ 19
㉚ 15
㉛ 18
㉜ 13
㉝ 15
㉞ 14
㉟ 16

㊱ 15
㊲ 18
㊳ 18
㊴ 13
㊵ 16
㊶ 19
㊷ 13

③ ~ ⑤ 다르게 풀기

12일 차

52쪽

❶ 8
❷ 6
❸ 5
❹ 3

❺ 8
❻ 6
❼ 5
❽ 3

53쪽

❾ 15
❿ 16
⓫ 12
⓬ 14

⓭ 18
⓮ 17
⓯ 15
⓰ 19
⓱ 10, 3, 7

평가 **2. 덧셈과 뺄셈 (1)**

13일 차

54쪽

1	4	7	9
2	9	8	2
3	7	9	7
4	2	10	6
5	4	11	8
6	1	12	4
		13	3

55쪽

14	16	21	8
15	15	22	1
16	12	23	5
17	19	24	17
18	17	25	18
19	18		
20	14		

🔗 틀린 문제는 클리닉 북에서 보충할 수 있습니다.

1	7쪽	7	9쪽	14	11쪽	21	7쪽
2	7쪽	8	9쪽	15	11쪽	22	8쪽
3	7쪽	9	9쪽	16	11쪽	23	10쪽
4	8쪽	10	9쪽	17	11쪽	24	11쪽
5	8쪽	11	10쪽	18	11쪽	25	11쪽
6	8쪽	12	10쪽	19	11쪽		
		13	10쪽	20	11쪽		

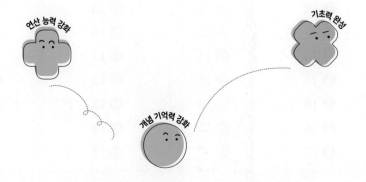

3. 모양과 시각

① 여러 가지 모양 찾기

58쪽

❶ ○	❻ △			
❷ △	❼ □			
❸ □	❽ ○			
❹ △	❾ □			
❺ ○	❿ △			

59쪽

⓫ ○	⓰ □	㉑ △
⓬ □	⓱ □	㉒ △
⓭ ○	⓲ △	㉓ □
⓮ ○	⓳ ○	㉔ □
⓯ □	⓴ ○	㉕ □

② 여러 가지 모양 알아보기

60쪽

❶ ○	❻ △
❷ △	❼ □
❸ ○	❽ □
❹ □	❾ ○
❺ ○	❿ △

61쪽

⓫ □	⓰ ○	㉑ △
⓬ △	⓱ △	㉒ □
⓭ □	⓲ ○	㉓ △
⓮ ○	⓳ □	㉔ △
⓯ □	⓴ △	㉕ ○

③ 여러 가지 모양 꾸미기

62쪽

❶ 2개, 3개, 1개
❷ 3개, 2개, 2개
❸ 3개, 3개, 2개

63쪽

❹ 3개, 4개, 2개
❺ 4개, 5개, 0개
❻ 5개, 3개, 2개
❼ 5개, 1개, 6개
❽ 2개, 4개, 7개
❾ 9개, 2개, 2개

④ 몇 시

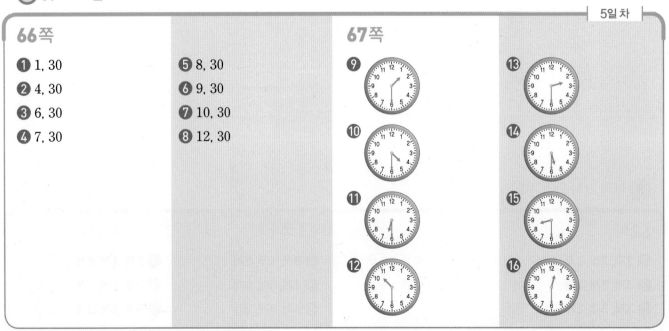

64쪽

❶ 1
❷ 3
❸ 4
❹ 6

❺ 7
❻ 8
❼ 11
❽ 12

65쪽

❾
❿
⓫
⓬

⓭
⓮
⓯
⓰

⑤ 몇 시 30분

66쪽

❶ 1, 30
❷ 4, 30
❸ 6, 30
❹ 7, 30

❺ 8, 30
❻ 9, 30
❼ 10, 30
❽ 12, 30

67쪽

❾
❿
⓫
⓬

⓭
⓮
⓯
⓰

평가 **3.** 모양과 시각

68쪽

1 □
2 ○
3 △
4 ○
5 □
6 △

7 2개, 4개, 2개
8 4개, 3개, 2개
9 7개, 4개, 0개

69쪽

10 5
11 10
12 5, 30
13 11, 30

14
15
16
17

틀린 문제는 클리닉 북에서 보충할 수 있습니다.

1	13쪽	7	15쪽	10	16쪽	14	16쪽
2	13쪽	8	15쪽	11	16쪽	15	16쪽
3	13쪽	9	15쪽	12	17쪽	16	17쪽
4	14쪽			13	17쪽	17	17쪽
5	14쪽						
6	14쪽						

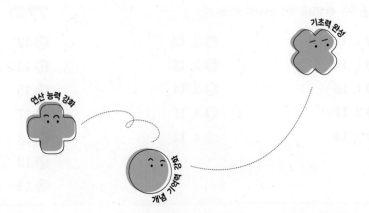

4. 덧셈과 뺄셈 (2)

① 받아올림이 있는 (몇) + (몇) (1)

1일차

72쪽 ❶정답을 계산 순서대로 확인합니다.

❶ 1, 12	❻ 3, 11
❷ 1, 13	❼ 3, 12
❸ 1, 17	❽ 3, 13
❹ 2, 12	❾ 4, 11
❺ 2, 13	❿ 4, 12

73쪽

⑪ 11	⑱ 15	㉕ 14
⑫ 14	⑲ 16	㉖ 15
⑬ 15	⑳ 17	㉗ 12
⑭ 16	㉑ 14	㉘ 13
⑮ 18	㉒ 15	㉙ 11
⑯ 11	㉓ 16	㉚ 13
⑰ 14	㉔ 13	㉛ 11

2일차

74쪽 ❶정답을 계산 순서대로 확인합니다.

❶ 1, 1, 11	❻ 2, 1, 11	⑪ 3, 4, 14
❷ 1, 4, 14	❼ 2, 4, 14	⑫ 3, 5, 15
❸ 1, 5, 15	❽ 2, 5, 15	⑬ 3, 6, 16
❹ 1, 6, 16	❾ 2, 6, 16	⑭ 4, 3, 13
❺ 1, 8, 18	❿ 2, 7, 17	⑮ 4, 4, 14

75쪽

⑯ 12	㉓ 13	㉚ 14
⑰ 13	㉔ 11	㉛ 11
⑱ 17	㉕ 12	㉜ 12
⑲ 12	㉖ 15	㉝ 13
⑳ 13	㉗ 11	㉞ 11
㉑ 11	㉘ 12	㉟ 12
㉒ 12	㉙ 13	㊱ 11

② 받아올림이 있는 (몇) + (몇) (2)

3일차

76쪽 ❶정답을 계산 순서대로 확인합니다.

❶ 1, 11	❻ 3, 12
❷ 1, 14	❼ 3, 13
❸ 1, 16	❽ 3, 14
❹ 2, 11	❾ 4, 11
❺ 2, 14	❿ 4, 12

77쪽

⑪ 12	⑱ 15	㉕ 14
⑫ 13	⑲ 16	㉖ 15
⑬ 15	⑳ 17	㉗ 11
⑭ 17	㉑ 11	㉘ 13
⑮ 18	㉒ 15	㉙ 11
⑯ 12	㉓ 16	㉚ 13
⑰ 13	㉔ 13	㉛ 11

78쪽 ❗정답을 계산 순서대로 확인합니다.

❶ 2, 1, 12	❻ 3, 2, 13	⓫ 5, 3, 15
❷ 3, 1, 13	❼ 5, 2, 15	⓬ 6, 3, 16
❸ 5, 1, 15	❽ 6, 2, 16	⓭ 3, 4, 13
❹ 7, 1, 17	❾ 7, 2, 17	⓮ 4, 4, 14
❺ 2, 2, 12	❿ 1, 3, 11	⓯ 5, 4, 15

79쪽

⓰ 11	㉓ 13	㉚ 14
⓱ 14	㉔ 14	㉛ 11
⓲ 16	㉕ 11	㉜ 12
⓳ 18	㉖ 12	㉝ 13
⓴ 11	㉗ 11	㉞ 11
㉑ 14	㉘ 12	㉟ 12
㉒ 12	㉙ 13	㊱ 11

① ~ ② 다르게 풀기

80쪽

❶ 12	❺ 15
❷ 12	❻ 13
❸ 11	❼ 17
❹ 11	❽ 13

81쪽

❾ 12	⓭ 16
❿ 14	⓮ 15
⓫ 13	⓯ 16
⓬ 12	⓰ 17
	⓱ 8, 6, 14

③ 받아내림이 있는 (십몇) − (몇) (1)

82쪽 ❗정답을 계산 순서대로 확인합니다.

❶ 1, 7	❻ 4, 8
❷ 2, 9	❼ 4, 7
❸ 2, 6	❽ 5, 6
❹ 3, 8	❾ 6, 8
❺ 3, 5	❿ 7, 8

83쪽

⓫ 9	⓲ 5	㉕ 9
⓬ 8	⓳ 4	㉖ 6
⓭ 6	⓴ 3	㉗ 9
⓮ 5	㉑ 9	㉘ 8
⓯ 3	㉒ 7	㉙ 7
⓰ 8	㉓ 6	㉚ 9
⓱ 7	㉔ 4	㉛ 9

84쪽 ❶정답을 계산 순서대로 확인합니다.

❶ 1, 9   ❻ 3, 6   ⓫ 5, 7
❷ 1, 6   ❼ 4, 9   ⓬ 6, 9
❸ 2, 8   ❽ 4, 5   ⓭ 6, 7
❹ 2, 5   ❾ 5, 9   ⓮ 7, 9
❺ 3, 9   ❿ 5, 8   ⓯ 8, 9

85쪽

⑯ 2   ㉓ 4   ㉚ 8
⑰ 3   ㉔ 6   ㉛ 6
⑱ 4   ㉕ 7   ㉜ 7
⑲ 5   ㉖ 9   ㉝ 8
⑳ 7   ㉗ 4   ㉞ 6
㉑ 8   ㉘ 5   ㉟ 8
㉒ 3   ㉙ 7   ㊱ 8

④ 받아내림이 있는 (십몇) − (몇) (2)

86쪽 ❶정답을 계산 순서대로 확인합니다.

❶ 1, 8   ❻ 3, 7
❷ 1, 7   ❼ 4, 9
❸ 2, 7   ❽ 4, 6
❹ 2, 5   ❾ 5, 8
❺ 3, 9   ❿ 6, 8

87쪽

⓫ 9   ⑱ 6   ㉕ 5
⓬ 6   ⑲ 4   ㉖ 7
⓭ 5   ⑳ 3   ㉗ 6
⓮ 4   ㉑ 8   ㉘ 9
⓯ 3   ㉒ 5   ㉙ 9
⑯ 2   ㉓ 4   ㉚ 8
⑰ 8   ㉔ 7   ㉛ 9

88쪽 ❶정답을 계산 순서대로 확인합니다.

❶ 1, 6   ❻ 2, 6   ⓫ 5, 9
❷ 1, 5   ❼ 2, 4   ⓬ 6, 9
❸ 1, 4   ❽ 2, 3   ⓭ 6, 7
❹ 1, 2   ❾ 3, 4   ⓮ 7, 9
❺ 2, 8   ❿ 4, 8   ⓯ 8, 9

89쪽

⑯ 3   ㉓ 5   ㉚ 7
⑰ 7   ㉔ 6   ㉛ 9
⑱ 8   ㉕ 7   ㉜ 6
⑲ 9   ㉖ 8   ㉝ 7
⑳ 5   ㉗ 9   ㉞ 8
㉑ 7   ㉘ 5   ㉟ 8
㉒ 9   ㉙ 6   ㊱ 8

③ ~ ④ 다르게 풀기

90쪽

❶ 4   ❺ 9
❷ 9   ❻ 7
❸ 6   ❼ 9
❹ 8   ❽ 9

91쪽

❾ 6   ⓭ 8
❿ 3   ⓮ 4
⓫ 8   ⓯ 7
⓬ 5   ⑯ 8
　　　 ⑰ 15, 8, 7

비법 강의 초등에서 푸는 방정식 계산 비법

11일차

92쪽

❶ 9, 9
❹ 12, 12
❷ 8, 8
❺ 13, 13
❸ 7, 7
❻ 15, 15

93쪽

❼ 6, 6
⓬ 4, 4
❽ 7, 7
⓭ 6, 6
❾ 8, 8
⓮ 9, 9
❿ 9, 9
⓯ 9, 9
⓫ 9, 9
⓰ 8, 8

평가 **4. 덧셈과 뺄셈 (2)**

12일차

94쪽

1 11	8 15	15 6	21 11
2 12	9 13	16 8	22 12
3 11	10 17	17 6	23 14
4 14	11 6	18 8	24 7
5 13	12 8	19 8	25 9
6 16	13 7	20 9	
7 13	14 9		

95쪽

🔗 틀린 문제는 클리닉 북에서 보충할 수 있습니다.

1 19쪽, 20쪽	8 19쪽, 20쪽	15 21쪽, 22쪽	21 19쪽, 20쪽
2 19쪽, 20쪽	9 19쪽, 20쪽	16 21쪽, 22쪽	22 19쪽, 20쪽
3 19쪽, 20쪽	10 19쪽, 20쪽	17 21쪽, 22쪽	23 19쪽, 20쪽
4 19쪽, 20쪽	11 21쪽, 22쪽	18 21쪽, 22쪽	24 21쪽, 22쪽
5 19쪽, 20쪽	12 21쪽, 22쪽	19 21쪽, 22쪽	25 21쪽, 22쪽
6 19쪽, 20쪽	13 21쪽, 22쪽	20 21쪽, 22쪽	
7 19쪽, 20쪽	14 21쪽, 22쪽		

기초력 완성

연산 능력 강화

개념 기억력 강화

5. 규칙 찾기

① 규칙 찾기

98쪽

❶ ○

❷ ♡

❸ ◇

❹ ▽

99쪽

❺ 축구공

❻ 참외

❼ 햄버거

❽ 당근, 가지

② 규칙 만들기

100쪽

❶ (○)
　(　)

❷ (　)
　(○)

❸ (○)
　(　)

101쪽

❹ (○)
　(　)

❺ (　)
　(○)

❻ (　)
　(○)

③ 수 배열, 수 배열표에서 규칙 찾기

102쪽

❶ 9, 6

❷ 3, 3

❸ 12, 14

❹ 70, 90

❺ 7, 5

❻ 15, 10

103쪽

❼
1	2	3	4	5	6	7	8	9	10
11	12	13	14	15	16	17	18	19	20
21	22	23	24	25	26	27	28	29	30

❽
31	32	33	34	35	36	37	38	39	40
41	42	43	44	45	46	47	48	49	50
51	52	53	54	55	56	57	58	59	60

❾
51	52	53	54	55	56	57	58	59	60
61	62	63	64	65	66	67	68	69	70
71	72	73	74	75	76	77	78	79	80

❿
71	72	73	74	75	76	77	78	79	80
81	82	83	84	85	86	87	88	89	90
91	92	93	94	95	96	97	98	99	100

④ 규칙을 여러 가지 방법으로 나타내기

4일 차

104쪽

❶ △, ○

❷ ◇, ◇

❸ □, △

❹ ▽, ▽

105쪽

❺ 2, 4

❻ 2, 2

❼ 5, 0, 0

❽ 6, 2, 2

평가   5. 규칙 찾기

5일 차

106쪽

1	바지	5	(○)
2	가위		( )
3	수박	6	( )
4	달		(○)
		7	(○)
			( )

107쪽

8	8	14	□, △
9	9	15	▽, ○
10	25	16	2, 2
11	3	17	4, 0
12	22, 24, 26, 28, 30에 색칠		
13	47, 50, 53, 56, 59에 색칠		

🔗 틀린 문제는 클리닉 북에서 보충할 수 있습니다.

1	23쪽	5	24쪽	8	25쪽	14	26쪽
2	23쪽	6	24쪽	9	25쪽	15	26쪽
3	23쪽	7	24쪽	10	25쪽	16	26쪽
4	23쪽			11	25쪽	17	26쪽
				12	25쪽		
				13	25쪽		

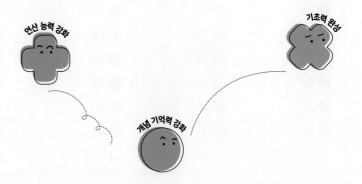

6. 덧셈과 뺄셈 (3)

① 받아올림이 없는 (몇십) + (몇), (몇) + (몇십)

1일차

110쪽

❶ 12	❻ 52
❷ 23	❼ 63
❸ 31	❽ 74
❹ 44	❾ 87
❺ 55	❿ 98

111쪽

⓫ 13	⓯ 51	⓳ 42
⓬ 25	⓰ 63	⓴ 34
⓭ 36	⓱ 77	㉑ 68
⓮ 43	⓲ 84	㉒ 59

2일차

112쪽

❶ 15	❼ 56	⓭ 12
❷ 24	❽ 65	⓮ 94
❸ 29	❾ 72	⓯ 75
❹ 37	❿ 73	⓰ 86
❺ 48	⓫ 87	⓱ 67
❻ 49	⓬ 95	⓲ 38

113쪽

⓳ 17	㉖ 46	㉝ 93
⓴ 21	㉗ 47	㉞ 64
㉑ 27	㉘ 58	㉟ 35
㉒ 32	㉙ 62	㊱ 57
㉓ 34	㉚ 66	㊲ 58
㉔ 38	㉛ 74	㊳ 78
㉕ 45	㉜ 81	㊴ 29

② 받아올림이 없는 (몇십몇) + (몇), (몇) + (몇십몇)

3일차

114쪽

❶ 13	❻ 44
❷ 18	❼ 56
❸ 29	❽ 66
❹ 33	❾ 78
❺ 48	❿ 89

115쪽

⓫ 24	⓯ 65	⓳ 75
⓬ 36	⓰ 76	⓴ 45
⓭ 46	⓱ 87	㉑ 67
⓮ 57	⓲ 98	㉒ 57

4일차

116쪽

❶ 22	❼ 67	⓭ 46
❷ 33	❽ 66	⓮ 76
❸ 39	❾ 78	⓯ 19
❹ 45	❿ 75	⓰ 87
❺ 55	⓫ 87	⓱ 96
❻ 53	⓬ 95	⓲ 68

117쪽

⓳ 18	㉖ 57	㉝ 57
⓴ 26	㉗ 68	㉞ 35
㉑ 36	㉘ 68	㉟ 57
㉒ 35	㉙ 77	㊱ 65
㉓ 47	㉚ 79	㊲ 78
㉔ 49	㉛ 89	㊳ 28
㉕ 55	㉜ 99	㊴ 99

① ~ ② 다르게 풀기

118쪽

❶ 19	❺ 85
❷ 37	❻ 77
❸ 43	❼ 26
❹ 46	❽ 57

119쪽

❾ 24	⓭ 73
❿ 28	⓮ 68
⑪ 39	⓯ 58
⑫ 67	⓰ 89
	⓱ 21, 7, 28

③ 받아올림이 없는 (몇십) + (몇십)

120쪽

❶ 30	❻ 60
❷ 50	❼ 80
❸ 50	❽ 80
❹ 90	❾ 90
❺ 40	❿ 80

121쪽

⑪ 40	⓯ 80	⑲ 70
⑫ 30	⓰ 70	⑳ 70
⓭ 40	⓱ 80	㉑ 90
⓮ 60	⓲ 60	㉒ 90

122쪽

❶ 40	❼ 90	⓭ 80
❷ 50	❽ 40	⓮ 60
❸ 90	❾ 50	⓯ 90
❹ 30	❿ 80	⓰ 80
❺ 40	⑪ 60	⓱ 90
❻ 70	⑫ 70	⓲ 80

123쪽

⑲ 30	㉖ 90	㉝ 90
⑳ 60	㉗ 50	㉞ 70
㉑ 70	㉘ 60	㉟ 80
㉒ 50	㉙ 70	㊱ 90
㉓ 80	㉚ 90	㊲ 80
㉔ 60	㉛ 70	㊳ 90
㉕ 70	㉜ 80	㊴ 90

④ 받아올림이 없는 (몇십몇) + (몇십몇)

124쪽

❶ 25	❻ 77
❷ 46	❼ 52
❸ 36	❽ 86
❹ 99	❾ 89
❺ 84	❿ 98

125쪽

⑪ 43	⓯ 77	⑲ 98
⑫ 48	⓰ 59	⑳ 88
⓭ 57	⓱ 66	㉑ 86
⓮ 39	⓲ 76	㉒ 94

126쪽

❶ 25
❷ 33
❸ 85
❹ 96
❺ 59
❻ 57

❼ 78
❽ 89
❾ 86
❿ 78
⓫ 59
⓬ 87

⓭ 77
⓮ 96
⓯ 77
⓰ 85
⓱ 97
⓲ 98

127쪽

⓳ 86
⓴ 49
㉑ 67
㉒ 98
㉓ 68
㉔ 79
㉕ 55

㉖ 66
㉗ 47
㉘ 97
㉙ 56
㉚ 79
㉛ 86
㉜ 79

㉝ 87
㉞ 89
㉟ 79
㊱ 94
㊲ 97
㊳ 99
㊴ 98

③ ~ ④ 다르게 풀기

128쪽

❶ 60
❷ 50
❸ 48
❹ 70

❺ 76
❻ 78
❼ 80
❽ 87

129쪽

❾ 74
❿ 80
⓫ 59
⓬ 70

⓭ 70
⓮ 97
⓯ 99
⓰ 90
⓱ 43, 32, 75

⑤ 받아내림이 없는 (몇십몇) − (몇)

130쪽

❶ 11
❷ 23
❸ 31
❹ 44
❺ 51

❻ 53
❼ 62
❽ 73
❾ 84
❿ 93

131쪽

⓫ 12
⓬ 27
⓭ 32
⓮ 41

⓯ 45
⓰ 54
⓱ 52
⓲ 64

⓳ 61
⓴ 71
㉑ 81
㉒ 92

132쪽

❶ 14
❷ 14
❸ 22
❹ 26
❺ 32
❻ 35

❼ 41
❽ 43
❾ 54
❿ 54
⓫ 61
⓬ 68

⓭ 72
⓮ 74
⓯ 81
⓰ 83
⓱ 93
⓲ 92

133쪽

⓳ 12
⓴ 15
㉑ 21
㉒ 24
㉓ 33
㉔ 33
㉕ 34

㉖ 41
㉗ 43
㉘ 52
㉙ 57
㉚ 61
㉛ 61
㉜ 64

㉝ 73
㉞ 73
㉟ 73
㊱ 82
㊲ 82
㊳ 92
㊴ 91

❻ 받아내림이 없는 (몇십) − (몇십)

13일 차

134쪽

❶ 10	❻ 40
❷ 20	❼ 30
❸ 20	❽ 40
❹ 40	❾ 60
❺ 10	❿ 40

135쪽

⓫ 10	⓯ 50	⓳ 40
⓬ 10	⓰ 20	⓴ 20
⓭ 30	⓱ 50	㉑ 60
⓮ 20	⓲ 20	㉒ 50

14일 차

136쪽

❶ 20	❼ 50	⓭ 50
❷ 30	❽ 30	⓮ 40
❸ 20	❾ 20	⓯ 20
❹ 40	❿ 40	⓰ 70
❺ 30	⓫ 30	⓱ 40
❻ 10	⓬ 20	⓲ 20

137쪽

⓳ 0	㉖ 40	㉝ 30
⓴ 10	㉗ 10	㉞ 10
㉑ 10	㉘ 60	㉟ 80
㉒ 10	㉙ 50	㊱ 60
㉓ 0	㉚ 10	㊲ 50
㉔ 20	㉛ 70	㊳ 30
㉕ 0	㉜ 60	㊴ 10

❺ ~ ❻ 다르게 풀기

15일 차

138쪽

❶ 12	❺ 33
❷ 10	❻ 41
❸ 22	❼ 40
❹ 10	❽ 50

139쪽

❾ 11	⓭ 50
❿ 20	⓮ 20
⓫ 32	⓯ 83
⓬ 53	⓰ 20
	⓱ 28, 6, 22

❼ 받아내림이 없는 (몇십몇) − (몇십)

16일 차

140쪽

❶ 14	❻ 37
❷ 15	❼ 28
❸ 32	❽ 23
❹ 33	❾ 56
❺ 17	❿ 75

141쪽

⓫ 8	⓯ 53	⓳ 29
⓬ 23	⓰ 35	⓴ 24
⓭ 25	⓱ 46	㉑ 45
⓮ 22	⓲ 51	㉒ 29

142쪽

❶ 13	❼ 36	⓭ 25
❷ 22	❽ 18	⓮ 38
❸ 11	❾ 34	⓯ 36
❹ 23	❿ 25	⓰ 67
❺ 36	⓫ 17	⓱ 63
❻ 45	⓬ 42	⓲ 14

143쪽

⓳ 1	㉖ 44	㉝ 19
⓴ 5	㉗ 29	㉞ 52
㉑ 24	㉘ 23	㉟ 23
㉒ 16	㉙ 36	㊱ 16
㉓ 12	㉚ 59	㊲ 45
㉔ 27	㉛ 53	㊳ 38
㉕ 11	㉜ 36	㊴ 9

⑧ 받아내림이 없는 (몇십몇) − (몇십몇)

144쪽

❶ 10	❻ 32
❷ 12	❼ 52
❸ 33	❽ 36
❹ 31	❾ 53
❺ 22	❿ 71

145쪽

⓫ 15	⓯ 43	⓳ 41
⓬ 22	⓰ 14	⓴ 22
⓭ 21	⓱ 51	㉑ 53
⓮ 21	⓲ 43	㉒ 28

146쪽

❶ 11	❼ 33	⓭ 43
❷ 24	❽ 21	⓮ 32
❸ 16	❾ 13	⓯ 43
❹ 31	❿ 55	⓰ 34
❺ 23	⓫ 41	⓱ 62
❻ 12	⓬ 15	⓲ 22

147쪽

⓳ 3	㉖ 34	㉝ 21
⓴ 11	㉗ 25	㉞ 13
㉑ 13	㉘ 43	㉟ 51
㉒ 22	㉙ 41	㊱ 62
㉓ 21	㉚ 22	㊲ 16
㉔ 14	㉛ 50	㊳ 35
㉕ 32	㉜ 60	㊴ 73

⑦ ~ ⑧ 다르게 풀기

148쪽

❶ 16	❺ 48
❷ 35	❻ 24
❸ 12	❼ 43
❹ 33	❽ 35

149쪽

❾ 18	⓭ 54
❿ 22	⓮ 63
⓫ 24	⓯ 34
⓬ 28	⓰ 56
	⓱ 26, 15, 11

비법 강의 초등에서 푸는 방정식 계산 비법

150쪽

❶ 20, 20 　　　　❹ 27, 27
❷ 35, 35 　　　　❺ 60, 60
❸ 40, 40 　　　　❻ 52, 52

151쪽

❼ 30, 30 　　　　⓬ 4, 4
❽ 61, 61 　　　　⓭ 3, 3
❾ 40, 40 　　　　⓮ 60, 60
❿ 12, 12 　　　　⓯ 22, 22
⓫ 31, 31 　　　　⓰ 53, 53

평가 6. 덧셈과 뺄셈 (3)

152쪽

1	32	7	43
2	45	8	63
3	57	9	30
4	48	10	30
5	90	11	44
6	79	12	43

153쪽

13	53	21	39
14	36	22	90
15	70	23	96
16	98	24	32
17	54	25	62
18	20		
19	56		
20	42		

🔗 틀린 문제는 클리닉 북에서 보충할 수 있습니다.

1	27쪽	7	31쪽
2	27쪽	8	31쪽
3	28쪽	9	32쪽
4	28쪽	10	32쪽
5	29쪽	11	33쪽
6	30쪽	12	34쪽

13	27쪽	21	27쪽
14	28쪽	22	29쪽
15	29쪽	23	30쪽
16	30쪽	24	33쪽
17	31쪽	25	34쪽
18	32쪽		
19	33쪽		
20	34쪽		

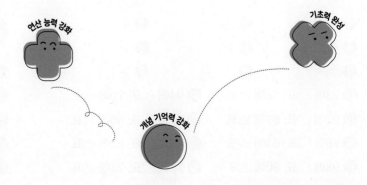

정답 | 클리닉 북

1. 100까지의 수

1쪽 ① 몇십

❶ 60
❷ 80
❸ 7
❹ 9
❺ 70 / 일흔
❻ 80 / 여든
❼ 60 / 육십
❽ 90 / 구십

2쪽 ② 99까지의 수

❶ 54
❷ 62
❸ 79
❹ 98
❺ 65 / 육십오
❻ 58 / 쉰여덟
❼ 74 / 일흔넷
❽ 83 / 팔십삼

3쪽 ③ 100까지의 수의 순서

❶ 57, 59
❷ 82, 84
❸ 89, 91
❹ 73, 75
❺ 65, 67
❻ 75, 76
❼ 88, 90
❽ 97, 99

4쪽 ④ 100까지의 수의 크기 비교

❶ <
❷ >
❸ <
❹ <
❺ >
❻ >
❼ >
❽ <
❾ >
❿ 73에 ○표, 58에 △표
⓫ 94에 ○표, 79에 △표
⓬ 92에 ○표, 67에 △표
⓭ 87에 ○표, 66에 △표
⓮ 76에 ○표, 64에 △표
⓯ 93에 ○표, 82에 △표
⓰ 98에 ○표, 90에 △표
⓱ 77에 ○표, 75에 △표

5쪽 ⑤ 짝수와 홀수

❶ △
❷ △
❸ ○
❹ △
❺ ○
❻ △
❼ ○
❽ △
❾ ○
❿ △
⓫ ○
⓬ △
⓭ ○
⓮ △
⓯ ○
⓰ ○
⓱ △
⓲ △

2. 덧셈과 뺄셈 (1)

7쪽 ① 세 수의 덧셈

❶ 6, 8 / 8
❷ 3, 6 / 6
❸ 7, 9 / 9
❹ 6, 7 / 7
❺ 6, 8 / 8
❻ 8, 9 / 9
❼ 6
❽ 6
❾ 9
❿ 6
⓫ 8
⓬ 8
⓭ 7
⓮ 9
⓯ 8
⓰ 7
⓱ 9
⓲ 8

8쪽 ② 세 수의 뺄셈

❶ 2, 1 / 1
❷ 4, 1 / 1
❸ 4, 2 / 2
❹ 6, 4 / 4
❺ 6, 3 / 3
❻ 6, 2 / 2
❼ 1
❽ 0
❾ 0
❿ 1
⓫ 1
⓬ 2
⓭ 3
⓮ 5
⓯ 2
⓰ 1
⓱ 2
⓲ 1

9쪽 ③ 10이 되는 더하기

❶ 6
❷ 5
❸ 2
❹ 1
❺ 8
❻ 7
❼ 4
❽ 1
❾ 2
❿ 3
⓫ 4
⓬ 5
⓭ 6

24 • 개념플러스연산 정답 1-2

10쪽 ④ 10에서 빼기

❶ 8　　　❷ 7
❸ 6　　　❹ 5
❺ 5　　❻ 7　　❼ 2
❽ 8　　❾ 9　　❿ 4
⓫ 3　　⓬ 6　　⓭ 1

11쪽 ⑤ 10을 만들어 세 수 더하기

❶ 10, 13 / 13　❷ 10, 14 / 14　❸ 10, 18 / 18
❹ 10, 17 / 17　❺ 10, 16 / 16　❻ 10, 15 / 15
❼ 14　❽ 15　❾ 14
❿ 15　⓫ 13　⓬ 17
⓭ 12　⓮ 17　⓯ 18
⓰ 13　⓱ 19　⓲ 16

3. 모양과 시각

13쪽 ① 여러 가지 모양 찾기

❶ □　❷ △　❸ ○
❹ ○　❺ □　❻ △
❼ △　❽ ○　❾ □
❿ □　⓫ △　⓬ ○
⓭ ○　⓮ □　⓯ △

14쪽 ② 여러 가지 모양 알아보기

❶ △　❷ □　❸ ○
❹ ○　❺ □　❻ △
❼ △　❽ ○　❾ □
❿ □　⓫ ○　⓬ △
⓭ □　⓮ △　⓯ ○

15쪽 ③ 여러 가지 모양 꾸미기

❶ 2개, 4개, 2개　❷ 4개, 5개, 1개
❸ 4개, 2개, 2개　❹ 3개, 5개, 4개
❺ 4개, 5개, 5개　❻ 5개, 7개, 4개

16쪽 ④ 몇 시

❶ 1　❷ 3　❸ 4
❹ 7　❺ 11　❻ 12

17쪽 ⑤ 몇 시 30분

❶ 1, 30　❷ 2, 30　❸ 5, 30
❹ 7, 30　❺ 10, 30　❻ 12, 30

4. 덧셈과 뺄셈 (2)

19쪽 ① 받아올림이 있는 (몇)+(몇) (1)

❶ 1 / 14　❷ 1 / 17　❸ 2 / 12
❹ 3, 1 / 11　❺ 3, 3 / 13　❻ 4, 1 / 11
❼ 11　❽ 13　❾ 15
❿ 18　⓫ 11　⓬ 13
⓭ 14　⓮ 15　⓯ 16
⓰ 12　⓱ 14　⓲ 12

❶ 1 / 12　　❷ 1 / 13　　❸ 1 / 15

❹ 1, 2 / 11　❺ 2, 3 / 12　❻ 3, 3 / 13

❼ 11　　❽ 14　　❾ 16

❿ 17　　⓫ 18　　⓬ 12

⓭ 13　　⓮ 14　　⓯ 15

⓰ 11　　⓱ 14　　⓲ 11

❶ (○)

( )

❷ ( )

(○)

❸ (○)

( )

❶ 2 / 9　　❷ 3 / 7　　❸ 4 / 9

❹ 5 / 9　　❺ 6 / 8　　❻ 7 / 8

❼ 6　　❽ 8　　❾ 9

❿ 4　　⓫ 8　　⓬ 7

⓭ 7　　⓮ 6　　⓯ 9

⓰ 7　　⓱ 9　　⓲ 9

❶ 2, 5

❷ 11, 13

❸ 15, 10, 5

❹
11	12	13	14	15	16	17	18	19	20
21	22	23	24	25	26	27	28	29	30
31	32	33	34	35	36	37	38	39	40

❺
61	62	63	64	65	66	67	68	69	70
71	72	73	74	75	76	77	78	79	80
81	82	83	84	85	86	87	88	89	90

❶ 1 / 7　　❷ 2 / 7　　❸ 3 / 6

❹ 4 / 6　　❺ 5 / 8　　❻ 6 / 9

❼ 9　　❽ 8　　❾ 5

❿ 6　　⓫ 5　　⓬ 3

⓭ 8　　⓮ 7　　⓯ 5

⓰ 7　　⓱ 8　　⓲ 8

❶ △, ○

❷ □, ○

❸ 0, 2

❹ 5, 2, 5

5. 규칙 찾기

❶ ○

❷ □

❸ ◇

❹ 풀

❺ 빵

6. 덧셈과 뺄셈 (3)

❶ 14　　　❷ 36　　　❸ 58

❹ 63　　　❺ 82　　　❻ 97

❼ 75　　　❽ 46　　　❾ 28

❿ 23　　　⓫ 38　　　⓬ 46

⓭ 52　　　⓮ 76　　　⓯ 87

⓰ 95　　　⓱ 68　　　⓲ 19

28쪽 ② 받아올림이 없는 (몇십몇)+(몇), (몇)+(몇십몇)

❶ 27	❷ 37	❸ 47
❹ 56	❺ 69	❻ 75
❼ 99	❽ 49	❾ 19
❿ 19	⓫ 37	⓬ 49
⓭ 68	⓮ 86	⓯ 97
⓰ 55	⓱ 35	⓲ 79

29쪽 ③ 받아올림이 없는 (몇십)+(몇십)

❶ 30	❷ 50	❸ 60
❹ 40	❺ 80	❻ 50
❼ 60	❽ 70	❾ 80
❿ 60	⓫ 90	⓬ 70
⓭ 70	⓮ 80	⓯ 60
⓰ 80	⓱ 90	⓲ 80

30쪽 ④ 받아올림이 없는 (몇십몇)+(몇십몇)

❶ 38	❷ 56	❸ 78
❹ 55	❺ 75	❻ 87
❼ 97	❽ 89	❾ 95
❿ 57	⓫ 49	⓬ 88
⓭ 69	⓮ 77	⓯ 99
⓰ 87	⓱ 89	⓲ 98

31쪽 ⑤ 받아내림이 없는 (몇십몇)-(몇)

❶ 12	❷ 24	❸ 34
❹ 42	❺ 52	❻ 61
❼ 73	❽ 82	❾ 92
❿ 21	⓫ 32	⓬ 43
⓭ 51	⓮ 61	⓯ 73
⓰ 73	⓱ 84	⓲ 91

32쪽 ⑥ 받아내림이 없는 (몇십)-(몇십)

❶ 10	❷ 30	❸ 40
❹ 20	❺ 40	❻ 30
❼ 30	❽ 10	❾ 30
❿ 20	⓫ 20	⓬ 30
⓭ 10	⓮ 30	⓯ 40
⓰ 70	⓱ 40	⓲ 40

33쪽 ⑦ 받아내림이 없는 (몇십몇)-(몇십)

❶ 16	❷ 37	❸ 21
❹ 13	❺ 34	❻ 46
❼ 28	❽ 42	❾ 25
❿ 13	⓫ 27	⓬ 49
⓭ 25	⓮ 42	⓯ 54
⓰ 31	⓱ 24	⓲ 56

34쪽 ⑧ 받아내림이 없는 (몇십몇)-(몇십몇)

❶ 24	❷ 21	❸ 31
❹ 31	❺ 54	❻ 42
❼ 34	❽ 63	❾ 42
❿ 12	⓫ 22	⓬ 24
⓭ 31	⓮ 42	⓯ 33
⓰ 42	⓱ 55	⓲ 31

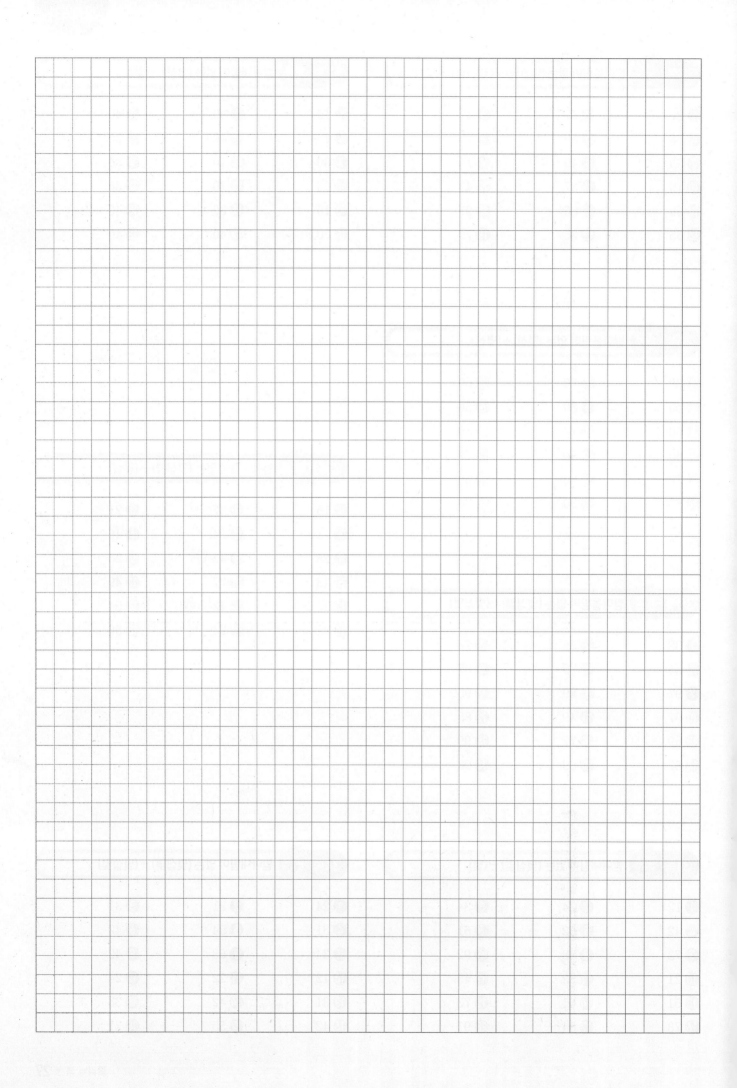

공부로 이끄는 힘!

- 초등 교과서 발행사 비상교육이 만든 **초등 필수 역량서**
- 매일 정해진 분량을 풀면서 기르는 **자기 주도 공부 습관**
- 학년별, 수준별, 역량별 세분화된 **초등 맞춤 커리큘럼**

예비 초등, 초등 1~6학년 / 쓰기력, 어휘력, 독해력, 계산력, 교과서 문해력, 창의·사고력

✛ 개념·플러스·연산 개념과 연산이 만나 수학의 즐거운 학습 시너지를 일으킵니다.

대표전화 1544-0554
주소 경기도 과천시 과천대로2길 54
협의 없는 무단 복제는 법으로 금지되어 있습니다.